国家出版基金项目
NATIONAL PUBLICATION FOUNDATION

"十三五"国家重点图书出版规划项目

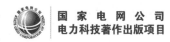

国家电网公司
电力科技著作出版项目

新能源并网与调度运行技术丛书

分布式新能源发电规划与运行技术

王伟胜　何国庆　李光辉　孙文文　编著

中国电力出版社
CHINA ELECTRIC POWER PRESS

内容提要

当前以风力发电和光伏发电为代表的新能源发电技术发展迅猛，而新能源大规模发电并网对电力系统的规划、运行、控制等各方面带来巨大挑战。《新能源并网与调度运行技术丛书》共 9 个分册，涵盖了新能源资源评估与中长期电量预测、新能源电力系统生产模拟、分布式新能源发电规划与运行、风力发电功率预测、光伏发电功率预测、风力发电机组并网测试、新能源发电并网评价及认证、新能源发电调度运行管理、新能源发电建模及接入电网分析等技术，这些技术是实现新能源安全运行和高效消纳的关键技术。

本分册为《分布式新能源发电规划与运行技术》，共 8 章，分别为概述、运行特性及并网影响分析、优化规划技术、运行控制仿真技术、运行控制技术、孤岛保护技术、工程应用案例分析、并网技术要求。全书具有先进性、前瞻性和实用性，深入浅出，既有深入的理论分析和技术解剖，又有典型案例介绍和应用成效分析。

本丛书既可作为电力系统运行管理专业人员系统学习新能源并网与调度运行技术的专业书籍，也可作为高等院校相关专业师生的参考用书。

图书在版编目（CIP）数据

分布式新能源发电规划与运行技术/王伟胜等编著. —北京：中国电力出版社，2019.11（2023.11重印）

（新能源并网与调度运行技术丛书）

ISBN 978-7-5198-2914-8

Ⅰ. ①分… Ⅱ. ①王… Ⅲ. ①新能源–发电–电力系统运行–研究 Ⅳ. ①TM61

中国版本图书馆 CIP 数据核字（2018）第 302532 号

出版发行：中国电力出版社

地　　址：北京市东城区北京站西街 19 号（邮政编码 100005）

网　　址：http://www.cepp.sgcc.com.cn

策划编辑：肖　兰　王春娟　周秋慧

责任编辑：闫姣姣（010-63412433）

责任校对：黄　蓓　李　楠

装帧设计：王英磊　赵姗姗

责任印制：石　雷

印　　刷：北京九天鸿程印刷有限责任公司

版　　次：2019 年 11 月第一版

印　　次：2023 年 11 月北京第三次印刷

开　　本：710 毫米×980 毫米　16 开本

印　　张：15.5

字　　数：276 千字

印　　数：3001—3500 册

定　　价：92.00 元

　　实现能源转型，建设清洁低碳、安全高效的现代能源体系是我国新一轮能源革命的核心目标，新能源的开发利用是其主要特征和任务。

　　2006 年 1 月 1 日，《中华人民共和国可再生能源法》实施。我国的风力发电和光伏发电开始进入快速发展轨道。与此同时，中国电力科学研究院决定设立新能源研究所（2016 年更名为新能源研究中心），主要从事新能源并网与运行控制研究工作。

　　十多年来，我国以风力发电和光伏发电为代表的新能源发电发展迅猛。由于风能、太阳能资源的波动性和间歇性，以及其发电设备的低抗扰性和弱支撑性，大规模新能源发电并网对电力系统的规划、运行、控制等各个方面带来巨大挑战，对电网的影响范围也从局部地区扩大至整个系统。新能源并网与调度运行技术作为解决新能源发展问题的关键技术，也是学术界和工业界的研究热点。

　　伴随着新能源的快速发展，中国电力科学研究院新能源研究中心聚焦新能源并网与调度运行技术，开展了新能源资源评价、发电功率预测、调度运行、并网测试、建模及分析、并网评价及认证等技术研究工作，攻克了诸多关键技术难题，取得了一系列具有自主知识产权的创新性成果，研发了新能源发电功率预测系统和新能源发电调度运行支持系统，建成了功能完善的风电、光伏试验与验证平台，建立了涵盖风力发电、光伏发电等新能源发电接入、调度运行等环节的技术标准体系，为新能源有效消纳和安全并网提供了有效的技术手段，并得到广泛应用，为支撑我国新能源行业发展发挥了重要作用。

"十年磨一剑。"为推动新能源发展，总结和传播新能源并网与调度运行技术成果，中国电力科学研究院新能源研究中心组织编写了《新能源并网与调度运行技术丛书》。这套丛书共分为 9 册，全面翔实地介绍了以风力发电、光伏发电为代表的新能源并网与调度运行领域的相关理论、技术和应用，丛书注重科学性、体现时代性、突出实用性，对新能源领域的研究、开发和工程实践等都具有重要的借鉴作用。

展望未来，我国新能源开发前景广阔，潜力巨大。同时，在促进新能源发展过程中，仍需要各方面共同努力。这里，我怀着愉悦的心情向大家推荐《新能源并网与调度运行技术丛书》，并相信本套丛书将为科研人员、工程技术人员和高校师生提供有益的帮助。

中国科学院院士
中国电力科学研究院名誉院长
2018 年 12 月 10 日

序 言 2

　　近期得知,中国电力科学研究院新能源研究中心组织编写《新能源并网与调度运行技术丛书》,甚为欣喜,我认为这是一件非常有意义的事情。

　　记得 2006 年中国电力科学研究院成立了新能源研究所(即现在的新能源研究中心),十余年间新能源研究中心已从最初只有几个人的小团队成长为科研攻关力量雄厚的大团队,目前拥有一个国家重点实验室和两个国家能源研发(实验)中心。十余年来,新能源研究中心艰苦积淀,厚积薄发,在研究中创新,在实践中超越,圆满完成多项国家级科研项目及国家电网有限公司科技项目,参与制定并修订了一批风电场和光伏电站相关国家和行业技术标准,其研究成果更是获得 2013、2016 年度国家科学技术进步奖二等奖。由其来编写这样一套丛书,我认为责无旁贷。

　　进入 21 世纪以来,加快发展清洁能源已成为世界各国推动能源转型发展、应对全球气候变化的普遍共识和一致行动。对于电力行业而言,切中了狄更斯的名言"这是最好的时代,也是最坏的时代"。一方面,中国大力实施节能减排战略,推动能源转型,新能源发电装机迅猛发展,目前已成为世界上新能源发电装机容量最大的国家,给电力行业的发展创造了无限生机。另一方面,伴随而来的是,大规模新能源并网给现代电力系统带来诸多新生问题,如大规模新能源远距离输送问题,大量风电、光伏发电限电问题及新能源并网的稳定性问题等。这就要求政策和技术双管齐下,既要鼓励建立辅助服务市场和合理的市场交易机制,使新能源成为市场的"抢手货"，又要增强新能源自身性能，提升新能源的调度运行控制技术水平。如何在保障电网安全稳定运行的前提下，最大化消纳新能源发电，是电力系统迫切需要解决的问题。

这套丛书涵盖了风力发电、光伏发电的功率预测、并网分析、检测认证、优化调度等多个技术方向。这些技术是实现高比例新能源安全运行和高效消纳的关键技术。丛书反映了我国近年来新能源并网与调度运行领域具有自主知识产权的一系列重大创新成果，是新能源研究中心十余年科研攻关与实践的结晶，代表了国内外新能源并网与调度运行方面的先进技术水平，对消纳新能源发电、传播新能源并网理念都具有深远意义，具有很高的学术价值和工程应用参考价值。

这套丛书具有鲜明的学术创新性，内容丰富，实用性强，除了对基本理论进行介绍外，特别对近年来我国在工程应用研究方面取得的重大突破及新技术应用中的关键技术问题进行了详细的论述，可供新能源工程技术、研发、管理及运行人员使用，也可供高等院校电力专业师生使用，是新能源技术领域的经典著作。

鉴于此，我特向读者推荐《新能源并网与调度运行技术丛书》。

黄其励

中国工程院院士
国家电网有限公司顾问
2018 年 11 月 26 日

进入 21 世纪，世界能源需求总量出现了强劲增长势头，由此引发了能源和环保两个事关未来发展的全球性热点问题，以风能、太阳能等新能源大规模开发利用为特征的能源变革在世界范围内蓬勃开展，清洁低碳、安全高效已成为世界能源发展的主流方向。

我国新能源资源十分丰富，大力发展新能源是我国保障能源安全、实现节能减排的必由之路。近年来，以风力发电和光伏发电为代表的新能源发展迅速，截至 2017 年底，我国风力发电、光伏发电装机容量约占电源总容量的 17%，已经成为仅次于火力发电、水力发电的第三大电源。

作为国内最早专门从事新能源发电研究与咨询工作的机构之一，中国电力科学研究院新能源研究中心拥有新能源与储能运行控制国家重点实验室、国家能源大型风电并网系统研发（实验）中心和国家能源太阳能发电研究（实验）中心等研究平台，是国际电工委员会 IEC RE 认可实验室、IEC SC/8A 秘书处挂靠单位、世界风能检测组织 MEASNET 成员单位。新能源研究中心成立十多年来，承担并完成了一大批国家级科研项目及国家电网有限公司科技项目，积累了许多原创性成果和工程技术实践经验。这些成果和经验值得凝练和分享。基于此，新能源研究中心组织编写了《新能源并网与调度运行技术丛书》，旨在梳理近十余年来新能源发展过程中的新技术、新方法及其工程应用，充分展示我国新能源领域的研究成果。

这套丛书全面详实地介绍了以风力发电、光伏发电为代表的新能源并网及调度运行领域的相关理论和技术，内容涵盖新能源资源评估与功率预测、建模与仿真、试验检测、调度运行、并网特性认证、随机生产模拟及分布式发电规划与运行等内容。

根之茂者其实遂，膏之沃者其光晔。经过十多年沉淀积累而编写的《新能源并网与调度运行技术丛书》，内容新颖实用，既有理论依据，也包含大量翔实的研究数据和具体应用案例，是国内首套全面、系统地介绍新能源并网与调度运行技术的系列丛书。

我相信这套丛书将为从事新能源工程技术研发、运行管理、设计以及教学人员提供有价值的参考。

中国工程院院士
中国电力科学研究院院长
2018 年 12 月 7 日

前　言

　　风力发电、光伏发电等新能源是我国重要的战略性新兴产业，大力发展新能源是保障我国能源安全和应对气候变化的重要举措。自 2006 年《中华人民共和国可再生能源法》实施以来，我国新能源发展十分迅猛。截至 2018 年底，风电累计并网容量 1.84 亿 kW，光伏发电累计并网容量 1.72 亿 kW，均居世界第一。我国已成为全球新能源并网规模最大、发展速度最快的国家。

　　中国电力科学研究院新能源研究中心成立至今十余载，牵头完成了国家 973 计划课题《远距离大规模风电的故障穿越及电力系统故障保护》（2012CB21505），国家 863 计划课题《大型光伏电站并网关键技术研究》（2011AA05A301）、《海上风电场送电系统与并网关键技术研究及应用》（2013AA050601），国家科技支撑计划课题《风电场接入电力系统的稳定性技术研究》（2008BAA14B02）、《风电场输出功率预测系统的开发及示范应用》（2008BAA14B03）、《风电、光伏发电并网检测技术及装置开发》（2011BAA07B04）和《联合发电系统功率预测技术开发与应用》（2011BAA07B06），以及多项国家电网有限公司科技项目。在此基础上，形成了一系列具有自主知识产权的新能源并网与调度运行核心技术与产品，并得到广泛应用，经济效益和社会效益显著，相关研究成果分别获 2013 年度和 2016 年度国家科学技术进步奖二等奖、2016 年中国标准创新贡献奖一等奖。这些项目科研成果示范带动能力强，促进了我国新能源并网安全运行与高效消纳，支撑中国电力科学研究院获批新能源与储能运行控制国家重点实验室，新能源发电调度运行技术团队入选国家"创新人才推进计划"重点领域创新团队。

为总结新能源并网与调度运行技术研究与应用成果，分析我国新能源发电及并网技术发展趋势，中国电力科学研究院新能源研究中心组织编写了《新能源并网与调度运行技术丛书》，以期在全国首次全面、系统地介绍新能源并网与调度运行技术，为新能源相关专业领域研究与应用提供指导和借鉴。

本丛书在编写原则上，突出以新能源并网与调度运行诸环节关键技术为核心；在内容定位上，突出技术先进性、前瞻性和实用性，并涵盖了新能源并网与调度运行相关技术领域的新理论、新知识、新方法、新技术；在写作方式上，做到深入浅出，既有深入的理论分析和技术解剖，又有典型案例介绍和应用成效分析。

本丛书共分 9 个分册，包括《新能源资源评估与中长期电量预测》《新能源电力系统生产模拟》《分布式新能源发电规划与运行技术》《风力发电功率预测技术及应用》《光伏发电功率预测技术及应用》《风力发电机组并网测试技术》《新能源发电并网评价及认证》《新能源发电调度运行管理技术》《新能源发电建模及接入电网分析》。本丛书既可作为电力系统运行管理专业员工系统学习新能源并网与调度运行技术的专业书籍，也可作为高等院校相关专业师生的参考用书。

本分册是《分布式新能源发电规划与运行技术》。第 1 章介绍了分布式新能源的发展概况、研究现状及未来展望；

第2章介绍了以风力发电、光伏发电为代表的分布式新能源运行特性及其并网影响；第3章介绍了基于长过程仿真的分布式新能源优化规划技术及案例；第4章介绍了快速控制原型、控制硬件在环及功率硬件在环三种适用于分布式新能源的运行控制仿真技术及案例；第5章介绍了分布式新能源接入配电网的运行控制技术；第6章介绍了孤岛现象、常规孤岛检测失效机理及防孤岛保护方法等；第7章介绍了并网型和独立型两个分布式新能源供电系统案例；第8章介绍了国内外分布式新能源的主要并网技术标准。本分册的研究内容得到了国家自然科学基金项目《高比例分布式新能源发电分层自治控制及集群经济运行研究》（项目编号：U1766207）的资助。

本分册由王伟胜、何国庆、李光辉，孙文文编著，其中，第1章、第8章由王伟胜编写，第2章、第5章由何国庆编写，第3章、第6章由孙文文编写，第4章、第7章由李光辉编写，全书由王伟胜统稿。全书在编写过程中得到了张悦、孙艳霞、刘可可、高丽萍的大力协助，河海大学袁越教授对全书进行了审阅，提出了修改意见和完善建议。本丛书还得到了中国科学院院士、中国电力科学研究院名誉院长周孝信，中国工程院院士、国家电网有限公司顾问黄其励，中国工程院院士、中国电力科学研究院院长郭剑波的关心和支持，并欣然为丛书作序，在此一并深表谢意。

《新能源并网与调度运行技术丛书》凝聚了科研团队对新能源发展十多年研究的智慧结晶，是一个继承、开拓、创新的学术出版工程，也是一项响应国家战略、传承科研成果、服务电力行业的文化传播工程，希望其能为从事新能源领域的科研人员、技术人员和管理人员带来思考和启迪。

科研探索永无止境，新能源利用大有可为。对书中的疏漏之处，恳请各位专家和读者不吝赐教。

作　者

2019 年 9 月

目　录

第 1 章

概　　述

　　随着人们对环境污染问题的日益重视，世界各国纷纷聚焦更绿色环保的能源与更高效灵活的发电方式。分布式新能源（distributed renewable energy，DRE）发电由于具有绿色环保、高效灵活等特点，受到许多国家的重视。随着分布式新能源开发利用成本的不断下降、技术标准的不断完善以及国家政策的大力支持，我国分布式新能源发电应用日益广泛，在电网中的作用及影响也愈发显著。分布式新能源并网规划与运行技术，是保障其安全可靠运行、提升并网电能质量的关键，也是近年来的研究热点。

1.1 分布式新能源发展概况

　　分布式新能源发电，是指利用传统能源之外的各种能源形式（包括太阳能、风能、生物质能、地热能、海洋能等），在用户所在场地或附近建设安装，运行方式以用户侧自发自用为主、多余电量上网，以在配电网内消纳为特征的发电方式。

　　分布式新能源一般规模小，接入电压等级低，能够就地满足用户能源需求，是促进新能源开发利用、提高新能源利用效率、解决偏远农村地区电力供应问题的重要途径。近二三十年来，随着风力发电、光伏发电等技术的进步和成熟，分布式风力发电、分布式光伏发电逐渐具备商业化应用条件，是分布式新能源中发展最快，也最具发展前景的发电类型。

　　2002 年始实施的"中国光明工程""送电下乡"等政策，开启了我国大量利用分布式新能源解决偏远无电地区供电问题的先河。2009 年推出的"金太阳示范工程",是我国分布式光伏规模化发展的开端。2012 年起,国家能源局陆续发布《分布式发电管理办法》等文件,2013 年国家电网公司发布《关于做好分布式电源并网服务工作的意见》等管理办法,使我国分布式发电得以快速增长。

目前,主要位于我国中东部地区的分布式新能源总体发展迅猛。其中,分布式光伏发电呈现爆发式增长,在光伏发电总装机容量中的占比逐年上升。据国家能源局统计,截至 2018 年底,我国分布式光伏发电总装机容量 5061 万 kW,较上年新增 2096 万 kW,同比增长 71%,占光伏发电总装机容量比例的 29%。分布式风力发电缓慢上升,占比较低。据电网企业不完全统计,截至 2017 年底,我国分布式风电的累计装机容量为 119 万 kW。

相比传统能源发电,分布式新能源发电具有显著不同的运行特性。分布式新能源发电装机容量小、装机数量大、并网点多、电源种类多,较为典型的风力发电和光伏发电都具有随机性和波动性的特点。这些分布式新能源大量接入配电网,对配电网运行控制的影响日益加大,增加了电网无功电压的调节压力,有可能影响局部电能质量,故障特征的变化对配电网继电保护提出了新的要求。所以,在大力推动分布式新能源发展的同时,需要积极开展分布式新能源并网技术的研究。

作为解决高渗透率分布式新能源并网问题的方案之一,美国学者在 20 世纪初率先提出了微电网的概念。微电网可定义为由分布式发电、用电负荷、监控、保护和自动化装置等组成(必要时含储能装置),能够基本实现内部电力电量平衡的小型供用电系统。从整体的角度看,微电网将分布式发电、负荷、储能及控制装置等结合形成一个可控的供电网络,它采用了现代电力电子技术、先进控制技术,将分散的各类设备联系在一起,构成了相互协调配合的有机整体;从资源配置的角度看,微电网是分布式新能源的优化配置平台,通过优化配比及协调控制,可以实现多种能源的优化互补及最大化利用;从大电网的角度看,微电网可被视为电网的一个可控单元,可以在数秒钟内动作以满足外部输配电网络的有功和无功需求;从用户的角度看,微电网可以满足他们特定的需求,如降低馈线损耗、增加本地供电可靠性、保持本地电压稳定、利用余热提高能量利用效率等。

1.2 国内外研究现状

以风力发电和光伏发电为代表的分布式新能源发电,可以优化配电网结构、降低网损率、延缓配电网改造建设,但如果规划与运行不当,则会出现电压越限、谐波超标等电能质量问题。探讨分布式新能源发电规划与运行技术,研究分布式新能源如何更好地融入配电网,并为配电网提供必要的支撑,提升分布式新能源渗透率,是分布式新能源并网技术研究的重点。

1.2.1 优化规划方面

分布式新能源科学合理的选址定容方案有助于减小配电网网损,改善系统电压,提高配电网运行的灵活性,并延缓对配电网的升级改造,使配电网在运行可靠的基础上具有更优的经济性。反之,不合理的分布式新能源选址定容方案会对配电网网损、电压水平、继电保护以及可靠性等方面产生负面影响。

分布式新能源的出力特性建模是模拟分布式新能源的功率输出特性。目前有两种常用做法。一是不考虑时序特性,建立出力的概率分布模型,如基于贝塔概率密度函数的光伏出力模型,基于威布尔分布的风电出力模型等。此类模型无法给出新能源功率随时间的变化特性,一般适用于基于能量平衡的规划研究,无法用于潮流分布、损耗和电压等确定性的计算分析。二是反映功率随时间变化的时序功率模型,可以结合配电网网架及负荷,开展潮流计算,得出较为详细的分布式新能源并网对损耗、电压等方面的影响。该方法精确度较高,但获取现场小时级历史气象信息的难度较大。

分布式新能源的优化规划,早期往往不考虑其出力的随机性和波动性,将分布式新能源当作简单的 PQ 节点,只考虑功率和电量平衡问题。后续研究逐渐考虑了分布式新能源的概率出力模型,或者采用典型日出力进行潮流分析，优化目标主要集中在分布式新能源最大渗透率、降低网损和降低电网投资等单一或多目标优化。近年来，国内提出了时序仿真方法，该方法计及风速、光照强度与负荷等信息的全年 8760h 的历史数据进行仿真，结果更符合实际，并可根据负荷发展规划进行数据处理。对当前及规划运行情况的详细分析，有利于真实反映分布式新能源接入后对配电网的各种影响，据此仿真结果进行的选址定容优化规划，可信度更高。

在优化算法方面，针对分布式新能源并网规划问题的非线性、多变量和多目标函数特征，目前主要采用解析算法、精确算法和启发式算法等方法。其中，解析算法是求出表示问题条件与结果之间关系的数学表达式，并通过表达式的计算实现问题求解，该方法对优化问题进行了大量的简化假设，忽略了实际电力系统中详细的运行限制；精确算法主要包括分支—定界、割平面、奔德斯分解、动态规划等算法，精确算法通用性强，但针对大型系统的计算量较大、求解速度慢，无法充分利用问题的自身结构性信息；启发式算法是一类基于直观或经验构造的智能算法的统称，包括遗传算法、禁忌搜索算法、粒子群优化算法等，可以充分利用优化问题的结构性信息，非常适合求解多目标、非线性的分布式新能源并网规划问题。

1.2.2　运行控制方面

以风电和光伏发电为代表的分布式新能源，都采用了电力电子装置并网，其优势是具有较快的控制速度和良好的控制精度，有利于应用各种先进的电网友好型控制策略，实现对配电网的主动支撑；劣势是具有低抗扰性，有谐波注入，易出现非计划孤岛运行等特点，给配电网带来不利影响。

分布式新能源发展早期，在电网占比很小，国内外普遍采取"最大功率跟踪发有功、不发也不吸无功、电网有故障快速脱网"的技术要求，此时分布式新能源运行控制研究的重点集中在如何更好地实现孤岛保护、减少谐波注入等局部问题。随着分布式新能源的快速发展，其对电网影响日益显现，以德国能源与水管理协会（Bundesverband der Energie and Wasserwirtschaft，BDEW）2008 年发布的发电厂接入中压电网并网指南为代表，欧洲率先提出了分布式新能源需要参与电网电压控制、参与频率调节、具备低电压穿越等要求，美国和中国也先后提高了分布式新能源并网技术要求，相关控制技术的研究工作也成为热点，国内外开展了下垂控制、虚拟惯性、虚拟同步、自同步电压源等方面的研究和试点工作，分布式新能源对电网的支撑能力逐步加强。近年来，随着分布式新能源在局域电网中渗透率的迅速增加，如何对点多面广的分布式新能源进行运行管理，国内外提出了虚拟电厂、主动配电网、自治体等概念，便于电网对分布式新能源进行统一调度控制。

1.2.3　微电网方面

微电网技术作为应对高渗透率分布式新能源接入的技术方案之一，经过近 20 年的研究，已相对比较成熟，国内外均开展了大量示范应用。

美国学者最早提出了微电网的概念，并对其组网方式、控制策略、能量管理技术、电能质量改善措施等进行了长期深入研究。在"Grid 2030"发展战略中，美国能源部制定了以微电网为其重要组成的美国电力系统未来几十年的研究与发展规划。由美国北部电力系统承建的 Mad River 微电网是美国第一个用于检验微电网的建模和仿真方法、保护和控制策略以及经济效益等的微电网示范工程。此后，在美国建成了包括一些大学校园微电网在内的数十个实际微电网工程。2013 年美国政府启动 1500 万美元的微电网资助贷款示范项目（Micro-grid Grant and Loan Pilot Program），资助微电网示范工程通过运行控制等方式防范飓风等极端灾害天气对电力供应的影响。

欧洲对微电网发展和研究的主要目的，是满足能源用户对电能质量的多样性要求、满足电力市场的需求以及欧洲电网的稳定和环保要求等。1998～2002 年，欧盟第五框架计划项目"微电网：从微型发电单元到低压电网的大规模集成（The Microgrids: Large Scale Integration of Microgeneration to Low Voltage Grids Activity）"集合欧盟 14 个国家的组织和团体，研究微电网中分布式电源的控制、保护方案和建设微电网实验室。欧盟第六框架计划项目"更多微电网：体系架构与控制理念（Advanced Architectures and Control Concepts for More Microgrids）"重点研究多个微电网连接到配电网的控制策略、协调管理方案、系统保护和经济调度措施，以及微电网对大电网的影响等内容。目前，欧洲已经建成了多个微电网示范工程，如西班牙巴斯克地区毕尔巴鄂市的 Labein 微电网，意大利米兰市的 CESI 微电网，希腊爱琴海基克拉迪群岛上的 Kythnos 微电网，德国曼海姆市的 MVV 微电网等。

　　日本对于微电网的研究侧重于分布式新能源与储能技术的结合，主要应用在于智能社区与海岛微电网。从 2003 年开始，日本新能源及工业技术开发组织（The New Energy and Industrial Technology Development Organization，NEDO）协调高校、科研机构和企业先后在八户、爱知、京都和仙台等地建立了微电网示范工程。2010 年 NEDO 成立了日本智能社区联盟（Japan Smart Community Alliance，JSCA），研究分布式新能源在社区综合能源系统中的应用，并实现其与交通、供水、信息与医疗系统的一体化集成。2011 年日本大地震后，能源安全、业务持续计划、停电对应型能源系统等概念受到空前关注，东京燃气等大型能源服务商启动了基于多用户、多类型分布式新能源的网络化、智能化研究，以提高电力供应的抗灾害能力，弥补核电关停造成的电力缺口。2014 年东京燃气集团在丰洲码头地区构建了智能能源网络，该能源网络在设置兼具能源供应与防灾提升功能的智能能源中心的同时，利用控制系统对各设备进行实时最优控制，为区域内 4 个地块提供电、热等综合能源服务。

　　我国微电网的研究与国外基本同步，众多高校、科研机构及企业对微电网开展了大量的研究和探索，在理论研究、实验室建设和示范工程建设方面取得了一系列的成果。国家自然科学基金、973 计划、863 计划等先后资助了多个微电网研究项目，为微电网规划设计、运行控制及能量管理等方面的研究奠定了基础。天津大学、合肥工业大学、杭州电子科技大学、中国电力科学研究院、中国科学院电工所、国网浙江省电力公司电力科学研究院等多家高校、科研单位和企业建设了高水平的微电网实验系统。国内先后建设了一大批微电网工程，其中并网型微电网主要以提升电能质量和供电可靠性的技术示范为主，包括天津中新生态城微电网、蒙东太平林场微电网、沧州明珠商贸城微电网等，但目前受制于经济性约束难以大规模推广。独立型微电网主要用于解决偏远无电地区如青藏地区、部队营地、海岛等的供电问题，西藏阿里狮泉河微电网、西藏措勤风光水储柴微电网、新疆荣和微电网、青海玉树微电网等一批实际微电网工程已经投运，为我国全面解决无电地区人口供电问题发挥了重要作用。

1.3 未来发展趋势和展望

分布式新能源的开发与利用是提高我国能源利用效率、促进新能源开发利用、实现节能减排的重要手段之一。随着分布式新能源发电技术水平的提高与发电成本的不断降低，分布式新能源在我国能源供应体系中的作用会越来越显著：一是实现能源的优化利用，提高能源利用效率；二是促进新能源开发利用，实现节能减排；三是解决农村偏远地区的能源供应问题。

我国能源需求庞大，且资源与负荷逆向分布，现阶段及未来一段时期内，我国仍将保持以集中供能系统为主、分布式能源为辅的能源供应方式。分布式新能源作为我国电力系统的有机组成部分，是目前跨区远距离输电、区内集中式发电这一主体供电方式的有益补充。一方面，分布式新能源可用于为配电网提供电源支持，提高电网的安全稳定运行水平；另一方面，其可用于解决和改善偏远地区的电力供应问题，提高人民生活质量。同时，分布式新能源的安全经济运行也离不开大电网的坚强支撑，大电网可消纳分布式新能源的多余电量，提高其运行效益，并为其提供电压/频率支撑、系统备用等服务，保障用户的安全可靠供电。

预计到 2025 年，我国以分布式光伏发电、风力发电为代表的分布式新能源发电总装机容量有望超过 1.5 亿 kW，如此大规模的分布式新能源接入，将持续给配电网带来各种新的技术挑战，分布式新能源并网关键技术也将持续成为我国能源领域的重点研究方向。

未来，随着大数据、人工智能、泛在物联网等技术的进步，预计分布式新能源并网技术的研究将会更多地集中在基于大数据的分布式新能源规划及运行技术、先进低成本高可靠的泛在物联通信技术、多种电源/多种能源与负荷的综合能量管理技术、区域性点多面广分布式新能源的调度运行管理技术、基于边缘计算的"云—边"协同智能监控技术等方面。随着技术更为成熟和成本继续降低，分布式新能源也将会有更为广阔的应用方式与适用范围。

总体看来，分布式新能源的研究与应用在我国处于快速发展阶段，随着我国电力体制改革的深入完善、电网结构的不断调整和发展方式的逐步转变，分布式新能源的研究与应用面临巨大的发展机遇。

运行特性及并网影响分析

    各类分布式新能源中，生物质能等基于燃烧热能发电的电源的出力特性与传统火力电厂类似，而地热能、海洋能等由于技术成熟度与资源地理位置制约尚无广泛应用，分布式光伏发电与分布式风力发电是发展最快、技术最成熟的分布式新能源。不同于传统能源，光伏发电与风电的出力具有波动性与间歇性，且接入电网时依赖于电力电子设备。分布式的接入方式改变了配电网的供电模式，而新能源的出力波动性与电力电子设备的谐波注入会给配电网的电能质量带来较大影响。

    本章将以光伏发电和风电的出力特性以及电力电子装备特性为基础，分析分布式新能源并网对配电网电压、继电保护、短路电流和谐波等方面的影响，为后续分布式新能源发电规划与运行技术相关研究提供参考。

2.1 发电原理及特性

2.1.1 光伏发电系统运行特性

    太阳能是最原始与永恒的能源，太阳能的利用有多种形式，光伏发电作为其中重要的一种，已成为分布式新能源领域中的重要组成。

2.1.1.1 太阳与太阳能

    太阳是太阳系的中心球体，是离地球最近的一颗恒星，它是一个炽热的气态球体，主要组成为氢（约 80%）和氦（约 19%）。太阳内部持续进行着氢聚合成氦的核聚变反应，不断地释放出巨大的能量，并以辐射和对流的方式由核心向表面传递热量，温度也从中心向表面逐渐降低。

太阳辐射是地球表层能量的主要来源，除太阳本身的变化外，太阳辐射能量主要决定于日地距离、太阳高度角和昼长，其中太阳高度角（见图2-1）是指太阳光线与地平面的夹角，其角度越大，则太阳辐射越强。实际到达地面的太阳辐射通常由直射、散射和反射辐射组成，其辐射量受大气层厚度的影响，大气层越厚，地球大气对太阳辐射的吸收、反射和散射就越严重，到达地面的总辐射量越小，晴朗无云时，总辐射以直射为主，其他辐射仅占10%。

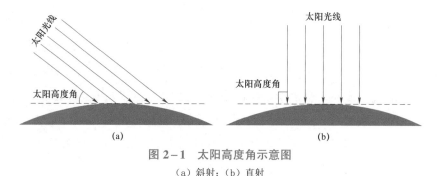

图2-1 太阳高度角示意图

（a）斜射；（b）直射

我国太阳能资源丰富地区的面积占国土面积96%以上，全国均为太阳能资源可利用区，每年地表吸收的太阳能大约相当于1.7万亿t标准煤的能量，具有利用太阳能的良好资源条件。

2.1.1.2 光伏发电基本原理

光伏发电是利用半导体界面的光生伏打效应，将光能直接转变为电能的一种技术。当光照射到半导体光伏器件上时，在器件内产生电子—空穴对，在半导体内部P-N结附近生成的载流子没有被复合而能够到达空间电荷区，受内建电场吸引，电子流入N区，空穴流入P区，结果使N区储存了过剩的电子，P区有过剩的空穴，它们在P-N结附近形成与内建电场方向相反的光生电场。光生电场除了部分抵消势垒电场的作用外，还使P区带正电，N区带负电，在N区和P区之间的薄层就产生电动势，这就是光生伏打效应。

光伏电池的理想和实际等效电路分别如图2-2中（a）、（b）所示。

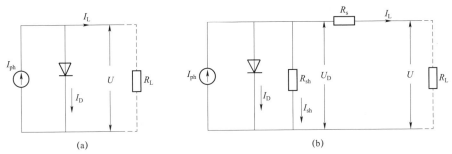

图 2－2　光伏电池等效电路

（a）理想等效电路；（b）实际等效电路

图 2－2（b）中，I_{ph} 为光生电流，其值正比于光伏电池的面积和入射光的光照强度；I_L 为光伏电池输出的负载电流；U 为负载两端的电压；无光照情况下，光伏电池的基本行为特性类似于一个普通二极管，U_D 表示等效二极管的端电压，I_D 为流经二极管的电流；R_L 为电池的外负载电阻；由电池的体电阻、表面电阻、电极导体电阻、电极与硅表面间接触电阻和金属导体电阻等组成的电阻在电路中等效为串联电阻 R_s；由电池表面污浊和半导体晶体缺陷引起的漏电流所对应的 P－N 结泄漏电阻和电池边缘的泄漏电阻等组成的电阻在电路中等效为旁路电阻 R_{sh}。一般来说，质量好的硅晶片 $1cm^2$ 的 R_s 约在 $7.7\sim15.3m\Omega$ 之间，R_{sh} 在 $200\sim300\Omega$ 之间。

因等效串联电阻 R_s 相对较小，而等效并联电阻 R_{sh} 相对较大，计算时理想的等效电路只相当于一个电流为 I_{ph} 的恒流源与一个二极管并联，如图 2－2（a）所示。

在特定的太阳光照强度和温度下，当负载 R_L 从 0 变化到无穷大时，输出电压 U 范围在 0 到 U_{oc} 之间变化，同时输出电流 I_L 范围在 I_{sc} 到 0 之间变化，由此得到电池的输出特性曲线，如图 2－3 所示。

由图 2－3 可以看出，在一定的光照强度和温度下，光伏电池输出的功率与电压、电流相关。其中，最佳工作点（maximum power point，MPP）处代表了最大输出功率，其对应的电流为最大功率点电流 I_m，对应的电压值为最大功率点电压 U_m，由 I_m 和 U_m 构成的矩形面积也是该曲线所能包揽的最大矩形面积，称为光伏电池的最佳输出功率或最大输出功率 P_m。

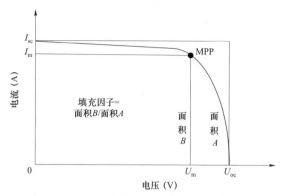

图 2-3 光伏电池输出特性曲线

光伏电池工作环境的多种外部因素，如光照强度、环境温度、粒子辐射等都会影响电池的性能指标。图 2-4 和图 2-5 分别为某光伏电池在不同光照强度和不同电池温度下的伏安特性曲线。

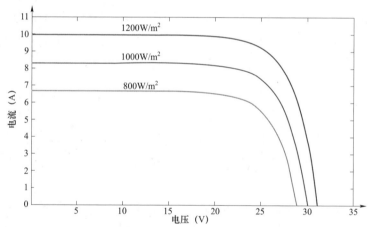

图 2-4 光伏电池在不同光照下的伏安特性曲线（电池温度 $T=25℃$）

在图 2-4 中，在电池温度不变的情况下，随着光照强度的升高，开路电压 U_{sc} 呈现对数比例关系增加，短路电流 I_{sc} 和输出功率均与光照强度成近似正比的关系。

在图 2-5 中，在光照强度不变的情况下，随着电池温度的升高，改善了载流子的扩散长度，以及长波的光谱响应，使得短路电流 I_{sc} 呈现正的温度系数，但它随电池温度的变化很小；开路电压 U_{oc} 和电池温度之间近似线性的关系，且 U_{oc} 呈负温度系数。总的来说，由于 U_{oc} 的影响要大于 I_{sc} 的影响，所以输出功率随电池温度升高呈现降低的趋势。

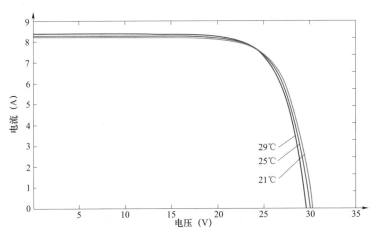

图 2−5　光伏电池在不同温度下的伏安特性曲线（光照强度 S = 1000W/m²）

光伏电池多用半导体固体材料制造，也有半导体加电解质的光化学电池。按电池结构分类有同质结、异质结、肖特基结、薄膜、叠层光伏电池；按电池材料分类有硅型光伏电池（单晶硅、多晶硅、非晶硅），非晶硅半导体光伏电池（硫化镉 CdS、砷化镓 GaAs），有机光伏电池。晶硅光伏发电是目前应用最广的光伏发电技术，能量转换效率可以达到 27%。薄膜光伏发电技术使用非硅半导体材料，能量转换效率相比晶硅而言较低，但是生产成本和耗能也较低，且柔性可弯曲，可制成非平面结构灵活应用。表 2−1 展示了几种主要单结光伏电池的最高效率（数据来自澳大利亚新南威尔士大学、日本 AIST、德国 FhG−ISE、美国 NREL、欧洲 ECJRC 研究机构联合发布的光伏电池效率表）。

表 2−1　　　　　　　　　　　单结光伏电池最高效率表

序号	电池种类		效率（%）	填充因子（%）
1	硅	硅（单晶式）	26.7±0.5	84.9
2		硅（多晶式）	22.3±0.4	80.5
3		硅（薄膜式）	10.5±0.3	72.1

序号	电池种类		效率（%）	填充因子（%）
4	三五族化合物	砷化镓（单结薄膜）	28.8±0.9	86.5
5		砷化镓（多晶式）	18.4±0.5	79.9
6		磷化铟（单晶式）	24.4±0.5	82.6
7	薄膜电池	铜铟镓硒	21.7±0.5	74.3
8		碲化镉	21.0±0.4	79.4
9		铜锌锡硫	10.0±0.2	65.1
10	其他	非晶硅	10.2±0.3	74.3
11		微晶硅	11.9±0.3	79.4
12		钙钛化物	20.9±0.7	74.5
13		染料敏化	11.9±0.4	71.2
14		有机电池	11.2±0.3	74.2

分布式光伏发电的过程通常如下：首先光伏组件接受太阳光照的辐射能量并将其转换为电能，然后通过串联将直流升压达到逆变要求的电压，并通过逆变器将直流电转换为交流电，最后将逆变后的交流电送往中低压配电网或直接供给附近负荷使用。光伏发电系统结构如图 2-6 所示。

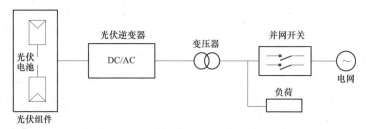

图 2-6　光伏发电系统结构图

2.1.1.3　光伏逆变器

逆变器是将直流电变换成交流电的电子设备。由于光伏电池发出的是直流电，当负载是交流负载时，逆变器是不可缺少的。分布式光伏并网运行时，其发出的直流电通过并网逆变器，转化为交流电与电网电压同频同相送入公共电网。此外，逆变器可以使用最大功率点追踪（maximum power point tracking，MPPT）技术实现当前光照强度下光伏阵列最大输出功率跟踪，也可以配合光伏阵列实现孤岛保护功能，还可以通过分别控制有功电流和无功电流，实现输出有功功率与无功功率的解耦，进而在实现传输有功功率的同时，方便地实现无功补偿及有源滤波等功能，改善电网的电能质量。

逆变器按运行方式可分为独立运行逆变器和并网逆变器：独立运行逆变器用于不与大电网相连的独立负载供电；并网逆变器用于并网运行的太阳能光伏发电系统，将发出的电能馈入电网。逆变器按输出波形又可分为方波逆变器和正弦波逆变器：方波逆变器电路简单、造价低，但谐波分量大，一般用于几百瓦以下和对谐波要求不高的独立供电系统；正弦波逆变器成本高，但可以适用于各种负载。目前，脉宽调制正弦波（sinusoidal pulse width modulation，SPWM）逆变器是分布式新能源并网逆变器的主流。

逆变器按拓扑结构，可分为集中式逆变器、组串式逆变器与集散式逆变器。使用这三种逆变器的光伏发电系统拓扑结构如图 2-7 所示。

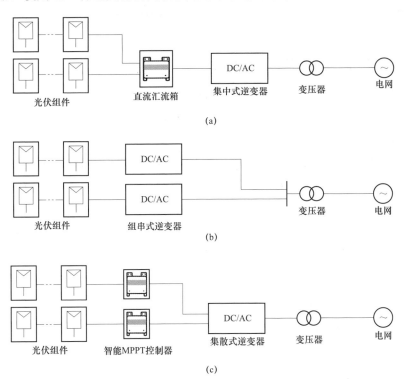

图 2-7　光伏发电系统拓扑结构图
（a）集中式逆变器光伏发电系统；（b）组串式逆变器光伏发电系统；（c）集散式逆变器光伏发电系统

集中式逆变器的光伏发电系统将多路光伏组串经直流汇集箱后连接到逆变器的直流输入端，集中 MPPT 跟踪、集中逆变。集中式逆变器系统元件少、响应速度快、逆变效率高、便于管理、成本低，但是，当组件受地形限制或遮挡导致失配时，无法保证每个组件均工作在最大功率点，对系统效率影响较大。

组串式逆变器的光伏发电系统将光伏组串直接连接至逆变器的直流输入端，可实现组串级 MPPT 跟踪与小功率方阵的逆变。组串式逆变器系统组网方案灵活、维护便捷、当组件受地形限制或遮挡导致失配时对系统效率影响小，但响应速度相对较差、整体逆变器数量多、管理不便、成本较高。

集散式逆变器的光伏发电系统将 MPPT 功能和直流升压功能集成到智能 MPPT 汇流箱，然后集中将升压后的直流电转换为交流电。集散式逆变器系统结合了集中式和组串式的特点，既有多路 MPPT 解决并联失配的优点，又能进行集中逆变，但需要在汇流箱中前置 MPPT 控制器，成本较高。

2.1.2 风力发电系统运行特性

风能是一种重要的自然能源，也是一种巨大、无污染、永不枯竭的可再生能源。风力发电是风能的一种最为广泛的应用形式。

2.1.2.1 风与风能

风是地球上的一种自然现象，是太阳能的一种转换形式，它由太阳辐射热和地球自转、公转和地表差异等原因引起，大气是这种能源转换的媒介。当太阳辐射能穿越地球大气层照射到地球表面时，太阳将地表的空气加温，空气受热膨胀后变轻上升，热空气上升，冷空气横向切入，由于地球表面各处受热不同，使大气产生温差形成气压梯度，从而引起大气的对流运动，风即是大气对流运动的表现形式。

空气运动产生的动能称为风能。风的产生是随时随地的，其方向、速度、大小不定，风能的特点是：能量巨大，但能量密度低；利用简单、无污染、可再生；稳定性、连续性、可靠性差；时空分布不均匀。

风能的利用主要是将大气运动时所具有的动能转化为其他形式的能量，风能的各种应用包括风力发电、风力制热采暖等。其中，风力发电是风能利用的最重要形式。

2.1.2.2　风力发电原理

风力发电包含两个能量转换过程，即风力机将风能转换为机械能、发电机将机械能转换为电能。风力发电所需要的装置，称为风力发电机组（简称风电机组）。风电机组从风中捕获能量，并通过风力机、传动系统以及与其连接的发电机最终将捕获的能量转换成电能。

在并网运行的风电机组中，当风以一定速度吹向风力机时，在风轮的叶片上产生的力驱动风轮叶片低速转动，将风能转换为机械能，通过传动系统向增速齿轮箱增速，将动力传递给发电机，发电机把机械能转变为电能。为了有效地利用风能，迎风装置根据风向传感器测得的风向信号，以控制器控制偏航电动机，驱动与塔架上大齿轮相啮合的小齿轮转动，使机舱始终对准风的方向。

2.1.2.3　风电机组主要类型

风电机组装机容量大小、轴向与桨叶、桨叶调节方式、发电机类型、传动系统，均有不同分类方式。风电机组分类方式见表 2－2。

表 2－2　　　　　　　　　　　风 电 机 组 分 类 方 式

分类方式	风电机组类别
装机容量	小型、大型
轴向	水平轴、垂直轴
叶片数量	单叶片、双叶片、三叶片、多叶片
传动系统	有齿轮箱、无齿轮箱
叶片调节方式	定桨、变桨
发电机类型	普通异步电机、双馈异步电机、永磁同步发电机、电励磁同步发电机

一般把装机容量在10kW及其以下的风电机组称作小型风电机组。小型风电机组是分布式新能源的一种重要应用形式。除去小型风电机组，目前在运行的风电机组多为兆瓦级大型风电机组，主要包括恒速异步风电机组、变滑差异步风电机组、变速双馈风电机组、带全功率变频器的异步或同步风电机组几种类型。主流的风电机组均为上方向、水平轴、三叶片结构，

双馈异步风电机组、全功率变频风电机组为主要类型。各类型的风电机组拓扑结构如图2-8～图2-12所示。

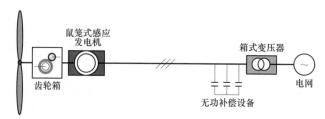

图2-8　恒速异步感应风力发电机组拓扑结构

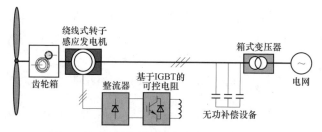

图2-9　变滑差感应风力发电机组拓扑结构

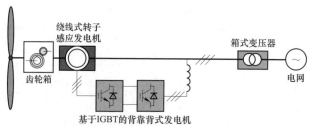

图2-10　变速双馈风力发电机组拓扑结构

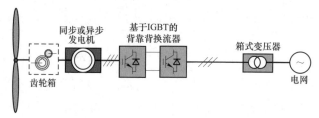

图2-11　全功率变频的异步或同步风力发电机组拓扑结构

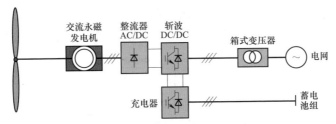

图 2-12 独立式小型风电机组拓扑结构

大型风电机组与小型风电机组，除了在容量、结构方面有较大差别之外，在输出功率特性曲线上也有较大差异。图 2-13 中（a）、（b）分别为5kW 小型风电机组与 1500kW 大型风电机组的输出功率特性曲线对比，其中大型风力发电机组切入风速 4m/s，额定风速 13m/s，小型风电机组切入风速 3m/s，额定风速 14m/s。小型风电机组采用尾舵对风且缺少变桨系统，在风速超过额定风速的情况下，尾舵通常会发生偏转，风轮侧偏导致输出功率不升反降；大型风电机组在风速超过额定风速但低于切出风速的情况下，利用各类控制系统将功率输出稳定于额定功率。

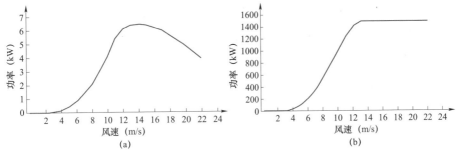

图 2-13 风电机组功率特性曲线
（a）小型风电机组（5kW）；（b）大型风电机组（1500kW）

基于拓扑结构方面的固有差异，各类风电机组在性能上也各具特点，不同类型风电机组特性如图 2-14 所示。此外，小型风电机组由于结构与功能限制，可控性较差。

2.1.3 出力特性分析

光伏与风电出力具有明显的随机性与波动性。以下从概率分布角度详细分析光伏与风电的出力特性。

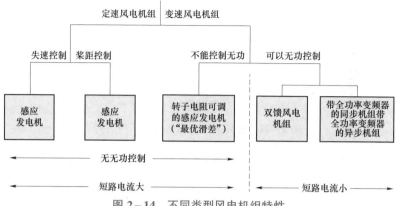

图 2-14　不同类型风电机组特性

2.1.3.1　光伏出力特性分析

受太阳辐照的影响，光伏有功出力的平滑可控性较差，主要表现为白天发电，晚上停发，在晚上负荷高峰时不能提供电量，同时云彩的遮挡会导致光伏电池出力的急剧下降，秒级最大降幅可达 50% 以上。因此，光伏发电具有间歇性、波动性及随机性的特点。图 2-15 显示了某分布式光伏在晴天和多云两种天气下的典型出力曲线。可以看出，晴朗天气时分布式光伏出力形状类似正弦半波，出力时间集中在 6:00~20:00 之间，中午时分达到最大，而多云天气时由于受到云层遮挡，辐照度变化较大，导致出力短时发生较大波动，随机性也较大。

1. 概率分布特性

概率分布即电源不同出力水平在时间尺度上所占的概率，这种概率特性也可以用累计概率分布来描述。令 L_i 表示光伏出力第 i 个时间序列的出力水平，通常用出力区间（P_{Min_i}, P_{Max_i}]描述（第一个区间包括区间左侧值），$F_{\mathrm{P}i}$ 表示出力 y_t 处于第 i 个出力水平的概率，即

$$F_{\mathrm{P}i} = \frac{\sum(P_{\mathrm{Min}\_i} < y_\mathrm{t} \leqslant P_{\mathrm{Max}\_i})}{\sum(y_\mathrm{t})} \tag{2-1}$$

$F_{\mathrm{CP}i}$ 表示小于等于第 i 个出力水平的出力的累计概率分布，即

$$F_{\mathrm{CP}i} = \frac{\sum(y_\mathrm{t} \leqslant P_{\mathrm{Max}\_i})}{\sum(y_\mathrm{t})} \tag{2-2}$$

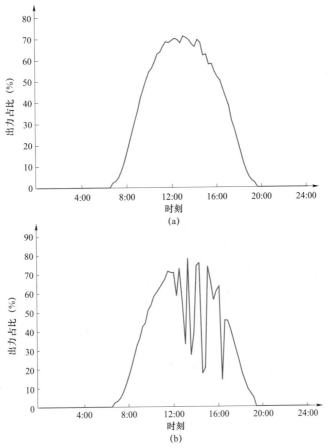

图 2－15　典型晴天和多云天光伏出力曲线

（a）晴天光伏出力曲线；（b）多云天光伏出力曲线

　　经统计分析，某分布式光伏全年的出力概率分布如图 2－16 所示，可以看出，光伏出力在 10% 以下的概率为 61% 左右，这是由于晚上没有阳光，日落后到第二天日出前很长一段时间辐照度一直为零，因此分布式光伏的出力也为零。若只统计 6:00～18:00 的光伏出力概率，则如图 2－17 所示，可知分布式光伏出力分布范围很广，随着出力的升高，概率曲线呈缓慢下降，出力小于 10% 的概率仅为 17% 左右，出力大于 50% 的概率达到了 28% 以上。

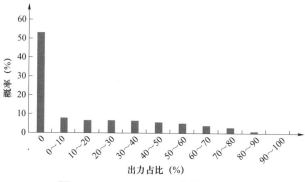

图 2-16　0:00～24:00 光伏出力概率

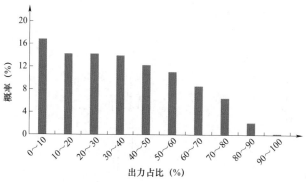

图 2-17　6:00～18:00 光伏出力概率

由于光伏出力直接受辐照度的影响，通常正午时刻辐照度达到最大，统计全年光伏最大出力出现时刻如图 2-18 所示，光伏日出力最大值集中出现在 10:00～15:30，概率高达 90%。

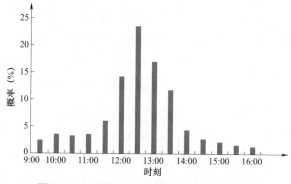

图 2-18　分布式光伏日最大出力时刻统计

2．波动特性

光伏发电为最大限度地捕获太阳能，通常采取最大功率跟踪策略。当有云彩遮挡阳光时，太阳能辐照度突降，此时光伏出力也会随之突降。分析光伏出力在某一时间间隔内最大波动的概率分布，可以揭示光伏的波动特性。

最大波动是指某一时间间隔内最大值与最小值的差值，若最大值出现在最小值之后则差值取正，若最大值出现在最小值之前则差值取负，将最大功率波动进行归一化处理，即最大波动除以额定装机容量。若 t_r 表示所用数据的时间分辨率，短时波动特性表示为

$$F_t = \begin{cases} y_j - y_k, & j > k \\ y_k - y_j, & j < k \end{cases} \qquad (2-3)$$

其中，$y_j = \mathrm{Max}(y_{t+i}), y_k = \mathrm{Min}(y_{t+i}), i = 0,1,2,\cdots,T/t_r$。

图 2-19、图 2-20 分别显示了某分布式光伏发电系统在不同时间尺度下的最大波动概率分布情况，可以看出，短时间间隔的光伏出力最大波动概率分布都近似均匀地分布在 0 左右，且时间间隔越长，集中度越低，即随着时间间隔的增大，最大波动的分布范围也越来越大。对于短时间间

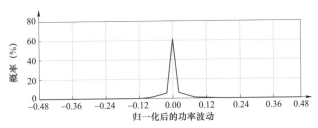

图 2-19　分布式光伏 15min 最大波动概率分布

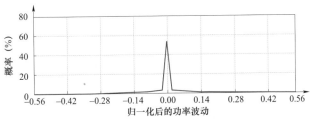

图 2-20　分布式光伏 1h 最大波动概率分布

隔来说，小幅波动出现概率较大，但云彩移动时阻隔阳光，也可能出现大幅的出力跌落，图 2-15（b）中，多云天时，15min 内出力的最大波动达到了 60%。

2.1.3.2　风电出力特性

为最大限度地捕获风能，风电机组均采用最大功率跟踪控制，使得风电的有功输出跟踪风能资源的变化。而风能具有随机性、间歇性以及波动性的特点，这就决定了风电出力也具有以上特点。风电的随机性主要体现在其出力的不确定性，间歇性主要体现在其出力的"时有时无"，波动性主要体现在其出力的短时变化。图 2-21 显示了某分布式风电在 2014 年 1 月 3 日的出力曲线。

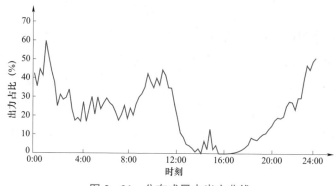

图 2-21　分布式风电出力曲线

由图 2-21 可见，风电在 11:30 的出力为 45%，到 13:00 时出力却已降为 5%，22:00 以后出力又恢复至 30%以上，这说明风电的出力具有典型的随机性、间歇性和波动性特点。

1. 概率分布特性

风电出力具有较强的随机性，一年之中不同出力水平出现的概率有很大差别，通过研究风电出力的概率分布特性可以量化这种特征。图 2-22 为某分布式风电全年的出力概率分布图，可以看出风电出力概率分布有一定的规律性，随着出力水平的增加，概率分布逐渐下降，出力小于装机容量 20%的概率达到了 54%以上，并且风电出力在装机容量的 50%以下的时间占全年的 86%以上。此外，全年有超过 7%的时间，风电出力等于 0，这也说明了风电的间歇性特点。

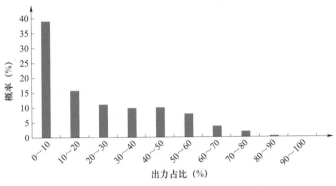

图 2-22 分布式风电出力概率分布

风电这种概率分布特性，导致其年利用小时数普遍偏低，根据不同地方风资源特性，我国陆上风电利用小时数在 1800~2800h。

2. 波动特性

风电机组的出力特性与其转动惯量和功率控制策略有关。风电机组转动惯量可以有效平抑风速的扰动，转动惯量越大，平抑扰动的能力越强，其中，异步风力发电机和双馈型风力发电机的惯性时间常数一般均在 5s 以上；直驱和双馈风电机组有功控制策略（包括桨距角控制、变频器控制等）可以有效控制风电机组的输出功率，在转动惯量及有功控制策略的作用下，风电机组能够平抑百毫秒级时间尺度内的有功出力波动。然而，为尽可能地利用风能，风电机组采用的最大功率跟踪控制技术使得风电出力须跟随风速的波动而进行波动，无法消除由于风速本身带来的秒级及以上时间尺度的波动，因此风电出力也具有明显的波动性特点。分析风电在某一时间间隔内的最大波动概率分布可以看出风电的波动特性。

图 2-23、图 2-24 分别显示了某分布式风电 2014 年全年出力在不同时间尺度下的最大波动概率分布情况，可以看出，风电最大波动的概率分布都近似均匀地分布在 0 左右，且时间间隔越长，集中度越低，即随着时间间隔的增大，最大波动的分布范围也越来越大。另外，对于较短的时间间隔，虽然最大波动主要集中在小范围以内，但也有可能出现较大波动，如该被测分布式风电 2014 年 8 月 3 日测得的 15min 最大波动幅度达到了 54.40%。

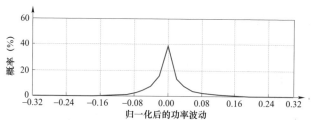

图 2-23　分布式风电 15min 最大波动概率分布

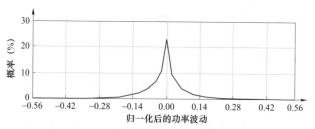

图 2-24　分布式风电 1h 最大波动概率分布

分布式风电与分布式光伏发电出力所具有的随机性、强波动性在接入电网后会对电网的安全稳定运行造成影响，因此，在实际运行过程中，应对短时波动给予关注，对短时波动引起的电能质量变化作出应对。

2.2　对电压偏差及损耗的影响

配电网接入分布式新能源后，原来传统的单电源供电模式将转变为双电源甚至多电源供电模式，配电网馈线潮流分布随之变化。

本节基于链式配电网络、恒功率负荷模型和分布式新能源，介绍分布式新能源接入配电网前后并网点电压偏差及网络损耗的变化，通过解析表达式分析分布式新能源接入引起配网电压升高的原因，分析分布式新能源接入对电压分布的影响。

设定某单辐射配电网络上有 N 个节点，各节点均接入负荷，第 i 个负荷的视在功率为 $P_i + jQ_i(i = 1, 2, \cdots, N)$。线路初始端电压为 U_0，保持不变，线路上第 i 个节点的电压为 $U_i(i = 1, 2, \cdots, N)$，与第 $i-1$ 个节点之间的线路阻抗为 $R_{i-1, i} + jX_{i-1, i} = l_i(r + jx)$，其中 l_i 为第 i 和 $i-1$ 个节点间馈线的长度，

r、x 表示单位长度线路的电阻和电抗。

定义有功功率和无功功率由系统侧流向负载方向时为正，相反为负。由于线路损耗相对于负荷可以忽略不计，对线路电压分布影响较小，故在计算电压分布时忽略线路损耗对线路压降的影响。分布式新能源接入前，线路上第 m 个节点的电压为

$$U_m = U_0 - \sum_{k=1}^{m} \Delta U_k = U_0 - \sum_{k=1}^{m} \frac{\sum_{i=k}^{N}(P_i R_k + Q_i X_k)}{U_{k-1}} \qquad (2-4)$$

第 m 与 $m-1$ 个节点之间的电压降为

$$\Delta U_m = U_{m-1} - U_m = \frac{\sum_{i=m}^{N}(P_i R_m + Q_i X_m)}{U_{m-1}} \qquad (2-5)$$

该段线路损耗为

$$S_L = \sum_{m=1}^{N} \Delta S_{Lm} = \sum_{m=1}^{N} \frac{\left(\sum_{i=m}^{N} P_i\right)^2 + \left(\sum_{i=m}^{N} Q_i\right)^2}{U_{m-1}^2}(R_m + jX_m) \qquad (2-6)$$

由于负荷消耗的有功功率和无功功率均不为 0，即 $P_i \geqslant 0, Q_i \geqslant 0$，故 $\Delta U_m \geqslant 0$，也就是线路节点电压沿着远离降压变压器的方向逐步降低。

2.2.1 单点接入分析

图 2-25 是分布式新能源单点接入时的配电网结构图，接入分布式新能源后，负荷侧增加了新的电源，配电网由单电源供电变为双电源供电，其中接入的分布式新能源容量为 P_{pQ}，接入点在节点 p 处。

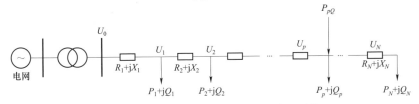

图 2-25 接入分布式新能源的配电网结构

配电网中 $R > X$，且负荷 P 也远大于 Q，忽略电压偏差中 QX 分量对电压分布的影响。设在节点 p 接入分布式新能源，其有功出力为 P_{pQ}，则对于在节点 p 之前的节点 m（$0 < m < p$），电压为

分布式新能源发电规划与运行技术

$$U_m = U_0 - \sum_{k=1}^{m} \frac{\left(\sum_{i=k}^{N} P_i - P_{pQ}\right) R_k}{U_{k-1}} > U_0 - \sum_{k=1}^{m} \frac{\sum_{i=k}^{N} P_i R_k}{U_{k-1}} \qquad (2-7)$$

可以得出，当配电网络接入分布式新能源后，并网点电压较未接入前有一定程度的提升，且变化幅度与负荷大小、线路参数和分布式新能源的接入容量和位置密切相关。

第 m 与第 $m-1$ 个节点之间的电压差为

$$\Delta U_m = U_{m-1} - U_m = \frac{\left(\sum_{i=m}^{N} P_i - P_{pQ}\right) R_m}{U_{m-1}} \qquad (2-8)$$

可以得出，当 $\sum_{i=m}^{N} P_i > P_{pQ}$，即 m 节点与后面所有节点的有功功率之和大于分布式新能源的输入有功功率 P_{pQ} 时，$U_m - U_{m-1} < 0$，线路上的电压仍然按照配电网的辐射方向逐渐降低；当 $\sum_{i=m}^{N} P_i < P_{pQ}$，即 m 节点与后面所有节点的有功功率之和小于分布式新能源的输入有功功率 P_{pQ} 时，$U_m - U_{m-1} > 0$，则节点 m 电压高于前一节点的电压。

对于位于分布式新能源接入点之后 $(p < m < N)$ 的节点，忽略无功功率对电压分布的影响，其节点电压与电压差为

$$U_m = U_0 - \sum_{k=1}^{p} \frac{\left(\sum_{i=k}^{N} P_i - P_{pQ}\right) R_k}{U_{k-1}} - \sum_{k=p+1}^{m} \frac{\sum_{i=k}^{N} P_i R_k}{U_{k-1}} \qquad (2-9)$$

$$\Delta U_m = U_{m-1} - U_m = \sum_{k=p+1}^{m} \frac{\sum_{i=k}^{N} P_i R_k}{U_{k-1}} - \sum_{k=p+1}^{m-1} \frac{\sum_{i=k}^{N} P_i R_k}{U_{k-1}} = \frac{\sum_{i=m}^{N} P_i R_m}{U_{m-1}} > 0 \qquad (2-10)$$

整条线路上的功率损耗为

$$S_L = \sum_{m=1}^{N} \Delta S_{Lm}$$

$$= \sum_{m=1}^{p} \frac{\left(\sum_{i=m}^{N} P_i - P_{pQ}\right)^2 + \left(\sum_{i=m}^{N} Q_i\right)^2}{U_{m-1}^2} (R_m + jX_m) + \sum_{m=p+1}^{N} \frac{\left(\sum_{i=m}^{N} P_i\right)^2 + \left(\sum_{i=m}^{N} Q_i\right)^2}{U_{m-1}^2} (R_m + jX_m)$$

$$(2-11)$$

由式（2-10）可知，分布式新能源接入点之后的节点 m 电压始终小于节点 $m-1$ 电压，馈线上的电压一直降低。

综上所述，在线路始端电压保持不变的情况下，配电网接入单个分布式新能源后，随着分布式新能源接入容量与接入位置的变化，沿着馈线方向的线路电压分布可能会有四种情况：

（1）逐渐降低。此时 $P_{pQ} < \sum_{i=p}^{N} P_i$，$p$ 节点与其后所有节点负荷的有功功率之和大于分布式新能源的有功功率输入 P_{pQ}，分布式新能源的接入不会改变馈线整体电压逐步降低的分布特征，只是电压降低幅度会有所减小。

（2）先降低后升高，再降低。此时可找出一节点 $l(0 < l < p)$，对于 l 之前的节点有 $P_{pQ} < \sum_{i=m}^{N} P_i,(0 < m < l)$，对于 l 之后的节点有 $P_{pQ} > \sum_{i=m}^{N} P_i,(l < m < p)$，极小点为节点 l，极大点为接入点 p。此时分布式新能源接入容量的增大使得注入点后消耗的有功功率全部由分布式新能源来提供，且分布式新能源注入的多余有功功率沿馈线辐射的相反方向流动，有功功率在此方向上引起的压降大于后续负荷无功消耗在线路辐射方向上引起的压降。

（3）先升高再降低。此时 $P_{pQ} > \sum_{i=1}^{N} P_i$，馈线上所有节点负荷提供的有功功率之和小于分布式新能源的有功功率输入 P_{pQ}，且接入点 p 不在馈线末端，极大点为接入点 p。分布式新能源注入的多余有功功率沿线路辐射的相反方向从注入点流动至线路始端，逆有功功率在此段线路反方向上造成的压降大于整条线路无功负荷在线路辐射方向上造成的压降。

（4）持续升高。此时 $P_{pQ} > \sum_{i=1}^{N} P_i$，馈线上所有节点负荷提供的有功功率之和仍小于分布式新能源的有功功率输入 P_{pQ}，且接入点 p 位于馈线末端。此时分布式新能源接入线路末端，有功功率沿线路反方向流动至线路始端。

在后三种情形下，分布式新能源的接入点为局部电压最高点，电压为

$$U_p = U_0 - \sum_{k=1}^{p} \frac{\left(\sum_{i=k}^{N} P_i - P_{pQ}\right) R_k}{U_{k-1}} \qquad (2-12)$$

对于线路损耗，由于分布式新能源接入点之后的线路损耗保持不变，只需考虑接入点之前的线路。由于线路传输的功率随着分布式新能源容量的逐渐增大先减小，再逆潮流方向逐渐增大，因此，接入点之前每段线路的损耗都是随着分布式新能源容量的增加先降低后增大。总的线路损耗先是随着分布式新能源容量的增加而减小，因部分线路损耗继续减小，部分线路损耗有所增加，总损耗有所波动，当分布式新能源的容量增大到整条线路上的有功负荷均由分布式新能源提供时，整条线路的损耗随着分布式新能源容量的增加而增大。

对于配电网的正常运行，要求对于任意负荷的供电电压必须满足电能质量规范的要求，则分布式新能源的接入点节点电压 U_p 必须小于 U_{max}，其中，U_{max} 为规定的符合电能质量规范的供电电压上限。由此，确定分布式新能源的最大接入容量时需要考虑电压约束。

2.2.2 多点接入分析

图 2-26 表示多个分布式新能源接入的情形，假设线路上的每个节点都接有分布式新能源，实际中没有接入分布式新能源的节点其注入功率为零。

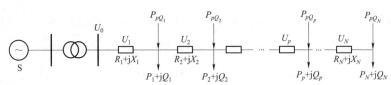

图 2-26 多点接入分布式新能源的配电网结构

第 m 个负荷节点的电压为

$$U_m = U_0 - \sum_{k=1}^{m} \frac{\left(\sum_{i=k}^{N} P_i - P_{pQi}\right) R_k + \sum_{i=k}^{N} Q_i X_k}{U_{k-1}} \qquad (2-13)$$

$$\Delta U_m = U_{m-1} - U_m$$

$$= \sum_{k=1}^{m} \frac{\sum\limits_{i=k}^{N}(P_i - P_{pQi})R_k + \sum\limits_{i=k}^{N}Q_i X_k}{U_{k-1}} - \sum_{k=1}^{m-1} \frac{\sum\limits_{i=k}^{N}(P_i - P_{pQi})R_k + \sum\limits_{i=k}^{N}Q_i X_k}{U_{k-1}} \quad （2-14）$$

$$= \frac{\sum\limits_{i=m}^{N}(P_i - P_{pQi})R_m + \sum\limits_{i=m}^{N}Q_i X_m}{U_{m-1}}$$

式中　　P_{pQi} ——第 i 个负荷节点分布式新能源的注入功率。

该段的线路损耗为

$$\Delta S_{Lm} = \frac{\left(\sum\limits_{i=m}^{N}(P_i - P_{pQi})\right)^2 + \left(\sum\limits_{i=m}^{N}Q_i\right)^2}{U_{m-1}^2}(R_m + jX_m) \quad （2-15）$$

假定分布式新能源均以恒功率因数 1.0 运行，则由式（2-14）可知，若 $\sum\limits_{i=m}^{N}P_i > \sum\limits_{i=m}^{N}P_{pQi}$，可以推出 $U_{m-1} - U_m > 0$，即 $m-1$ 节点和 m 节点之后的负荷消耗的总有功大于由分布式新能源提供的有功之和，电压沿馈线逐渐降低；若 $\sum\limits_{i=m}^{N}P_i < \sum\limits_{i=m}^{N}P_{pQi}$，可以推出 $U_{m-1} - U_m < 0$，即 $m-1$ 和 m 节点之后的负荷消耗的总有功小于由分布式新能源提供的有功之和，线路电压一直升高。线路最高点电压由分布式新能源的具体接入情况而定，但其值应满足电能质量规范规定的供电电压上限 U_{max}。

对于某一线路，当负荷保持不变时，其损耗大小与该点及其沿馈线辐射方向之后的分布式新能源的注入总容量和总有功负荷之和相关。分布式新能源的容量逐渐增大时，该线段的网损逐渐减小，当满足式（2-16）时，损耗降至最小，此后随着分布式新能源容量的增大又逐步增大。

$$\sum_{i=k}^{N}P_i = \sum_{i=k}^{N}P_{pQi} \quad （2-16）$$

2.2.3　仿真分析

本节利用潮流分析软件，仿真分析分布式新能源并网对配电网节点电压和网络损耗的影响。

2.2.3.1　模型及参数

以某配电系统为例，网络拓扑结构如图 2-27 所示，分析分布式新能源接入对线路电压和网络损耗的影响。线路电压等级为 10kV，始端电压为 10.5kV 保持不变。采用普通铝绞线架空线路连接各个负荷点，相邻负荷点之间的距离为 0.1km，$R + jX = 0.538 + j0.462$，每个节点负荷 P 均为 0.3MW。

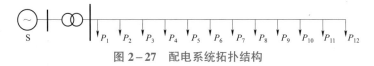

图 2-27　配电系统拓扑结构

2.2.3.2　仿真分析

1. 对电压分布的影响

仿真分析不同容量分布式新能源接入不同位置时，分布式新能源接入对线路电压分布的影响。

图 2-28 展示了节点 6 接入不同容量分布式新能源时的线路电压分布曲线。可以看出，随着分布式新能源接入容量的增加，线路电压出现一直降低（分布式新能源接入容量小于 2MW）、先降低再升高再降低（分布式新能源接入容量为 2~3MW）、先升高再降低（分布式新能源接入容量大于 3MW）等情况，如果分布式新能源接入线路最末端，还将出现持续升高的情况。当分布式新能源接入容量大于 3MW 时，在分布式新能源接入点会出现局部电压甚至全馈线电压最大值。

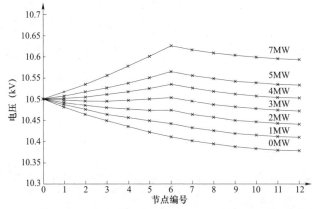

图 2-28　节点 6 接入不同容量分布式新能源后的线路电压分布

图 2-29 展示了 7MW 分布式新能源接入不同节点后的线路电压分布。可以看出，一定容量的分布式新能源接入不同节点时对线路电压的影响不同。接入点越靠近线路末端，由于逆向潮流所流经的线路越长，阻抗越大，对电压的抬升作用更明显，而接于线路首端时对电压分布影响较小。

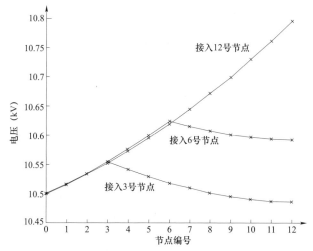

图 2-29　7MW 分布式新能源接入不同节点后的线路电压分布

图 2-30 展示了线路参数不同时分布式新能源接入对线路电压分布的影响。可以看出，线路参数也会对节点电压的分布产生较大影响，导线的截面积越小，线路的阻抗越大，分布式新能源接入后节点电压的升幅也就越大。

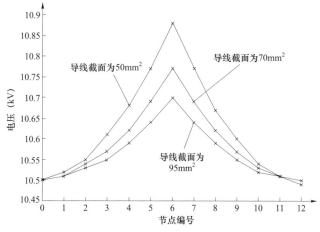

图 2-30　导线截面积不同时 7MW 分布式新能源接入后的线路电压分布

图 2-31、图 2-32 展示了分布式新能源不同接入方式对线路电压分布的影响。可以看出，相比集中式接入，分布式新能源的多点接入对馈线的整体支撑效果更好。

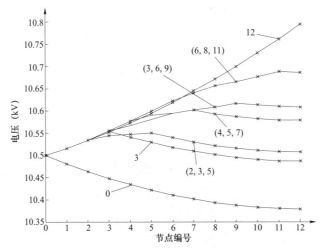

图 2-31　7MW 分布式新能源集中和分布式接入后的线路电压分布

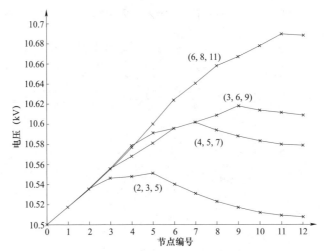

图 2-32　7MW 分布式新能源多点接入后的线路电压分布

2. 对网络损耗的影响

下面分析不同容量分布式新能源接入 5 号节点后网络损耗的变化。由图 2-33 可知，网络损耗随着分布式新能源容量的增加先减小后增大，同时，当分布式新能源容量为某一值时，网络损耗最小。

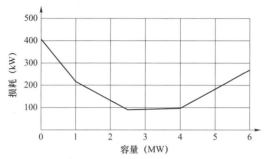

图 2-33　节点 5 接入不同容量分布式新能源的网络损耗

综上所述，分布式新能源的接入会对电网电压分布和网络损耗造成影响，影响程度与分布式新能源接入容量与接入位置相关，合适的接入容量与位置会缩小电压偏差和降低网络损耗，而不恰当的接入容量与位置会增大电网电压偏差和网络损耗。因此，当分布式新能源接入配电网时，应合理规划其接入容量和位置，降低其接入对配电网带来的影响。

2.3　短路电流特性及对继电保护的影响

大量分布式新能源的接入，使得配电网从传统的单电源辐射状网络变成双端或多端电源网络，从而改变了短路电流的大小、方向及持续时间。分布式新能源发电的短路电流特性是分析其接入后对继电保护影响的基础。

2.3.1　短路电流特性

中小容量的分布式新能源直接接入配电网中，在短路故障发生时将对故障点提供短路电流。分布式新能源可用一个电源串联电抗的模型来表示（此时需要考虑的是，在短路故障发生时分布式新能源能够提供多大的短路电流），对于不同类型的分布式新能源，其电抗值不同，从而电源的短路电流注入大小也不同。

分布式新能源按照接口类型可分为变流器型（如光伏发电、全功率变流器接口的风电机组、电池储能等），同步发电机型（如燃气轮机、柴油机等），异步发电机型（恒速异步感应式风电机组）三类，这三类分布式新能源有不同的短路电流特性。

2.3.1.1 变流器型分布式新能源的短路电流特性

变流器型分布式新能源的输出电流由变流器控制模块决定,通常采用电压外环和电流内环的控制策略,并网控制系统框图如图 2-34 所示。

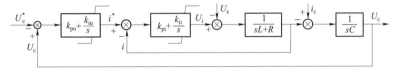

图 2-34 并网控制系统框图

如变流器型分布式新能源不具备低电压穿越能力,一旦并网点电压标幺值低于 0.9,电源直接从电网断开,提供的短路电流为 0。当分布式新能源具备低电压穿越能力时,短路电流的输出特性取决于变流器的控制特性,为了保证变流器在电力系统发生短路时的短路电流不超过限值,通常在变流器控制回路中的电流内环加入饱和模块。当发生短路故障时,内环参考电流将受到限制,通过设置饱和模块的上限,将短路电流限制在允许的范围内(一般变流器的短路电流为额定电流的 1.1~1.2 倍)。

变流器的输出特性可以从其控制系统的传递函数中详细得知。当系统发生短路故障时,电压外环的反馈回路将被破坏,双环控制回路变成了单独的电流控制回路,其参考电流为一个定值 i^*。电流控制系统框图如图 2-35 所示。

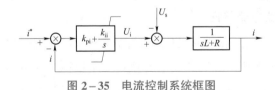

图 2-35 电流控制系统框图

根据控制框图,可以得到并网变流器在短路故障情况下输出的电压和电流关系为

$$i(s) = \frac{G(s)}{sL+R+G(s)}i^*(s) - \frac{1}{sL+R+G(s)}U_s(s) \qquad (2-17)$$

其中，$G(s) = k_{pi} + \dfrac{k_{ii}}{s}$。

从式（2-17）中可以看出，加入电流饱和限制模块的变流器在短路故障初始情况下可以等效为一个受控电流源和一个并联阻抗 $Z = sL + R + G(s)$，等效电路如图 2-36 所示。

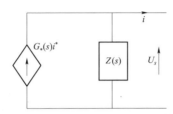

图 2-36 并网变流器动态等效电路

其中，

$$G_*(s) = \frac{G(s)}{sL + R + G(s)} \tag{2-18}$$

由于电流饱和控制模块在很短的时间内便能够达到稳态值，在进入稳态后电网扰动电压消失，输出电流 i 与电流饱和模块的设定值 i^* 相等。

为分析变流器型分布式新能源发电的短路电流输出特性，利用 Matlab 电磁暂态仿真软件对 500kW 典型光伏逆变器进行了仿真实验，逆变器额定电流 916A。

测试条件为 500kW 逆变器 100%出力及出力水平为 30%，故障设置为三相短路。测量点为逆变器 275V 侧，测量其电压、电流值。

（1）100%出力。图 2-37 所示为逆变器 100%出力时在短路期间电流的输出特性。最大瞬时短路电流约为额定电流的 1.47 倍，半个周波后电流略有降低，稳定后短路电流约为额定电流的 1.24 倍。逆变器采取了提供紧急无功支撑的控制策略，故障期间提供的短路电流主要是无功分量，有功分量大幅降低至接近于 0。故障清除后无功分量迅速降为故障前的水平（0 或接近于 0），有功分量逐渐恢复至故障前的水平，恢复时间约为 0.7s。

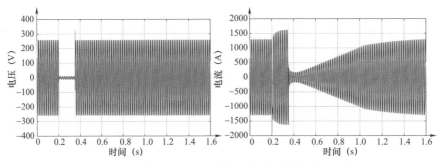

图 2-37 逆变器 100%出力时短路故障瞬间电压、电流波形

（2）出力水平为 30%。图 2-38 所示为逆变器出力 30%时在短路期间电流的输出特性。逆变器采取了提供紧急无功支撑的控制策略，最大瞬时短路电流约为额定电流的 1.32 倍，半个周波后电流略有降低，稳定后的短路电流约为额定电流的 1.24 倍。故障清除后，有功分量也有一个逐渐恢复的过程。

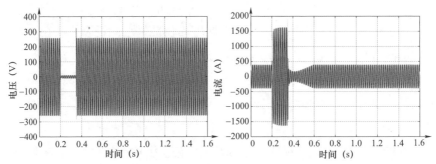

图 2-38 逆变器出力 30%时短路故障瞬间电压、电流波形

从仿真结果可以看出，逆变器在两种出力情况下，经过约 3～4 个周波后，电流便能够达到稳态值。另外，由于各厂家所采用的逆变器控制策略不同，仿真结果略有不同，主要体现在短路瞬间冲击电流的幅值及持续时间略有不同，达到稳态以后，稳态值略有不同。但综合来看，稳定后短路电流最大约是额定电流的 1.2～1.5 倍。

2.3.1.2 同步发电机型分布式新能源的短路电流特性

同步发电机发生突然短路时，短路电流为

$$I''_m = \sqrt{2} E_0 / X''_d \qquad (2-19)$$

式中　E_0——同步发电机空载电动势有效值；

　　　X''_d——直轴次暂态电抗。

经过极短的时间后，阻尼绕组电流衰减至零，此时的短路电流为

$$I'_m = \sqrt{2}E_0 / X'_d \qquad (2-20)$$

式中　X'_d——直轴暂态电抗。

再经过一段时间后，励磁绕组中的感应电流衰减至零，此时的短路电流为

$$I_m = \sqrt{2}E_0 / X_d \qquad (2-21)$$

式中　X_d——直轴电抗。

同步发电机基频交流电流幅值的变化为

$$I_m(t) = \sqrt{2}E_0\left[\left(\frac{1}{X''_d}-\frac{1}{X'_d}\right)\mathrm{e}^{-\frac{t}{T'_d}}+\left(\frac{1}{X'_d}-\frac{1}{X_d}\right)\mathrm{e}^{-\frac{t}{T'_d}}+\frac{1}{X_d}\right] \qquad (2-22)$$

式中　T'_d——纵轴瞬变电流衰减的时间常数；

　　　T''_d——纵轴超瞬变电流衰减的时间常数。

同步发电机短路时电流的波形图如图 2-39 所示。

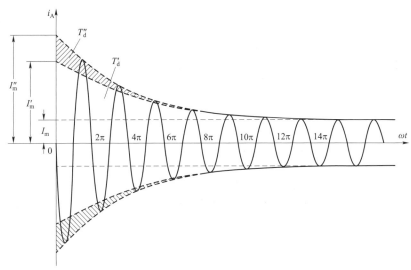

图 2-39　同步发电机短路电流波形

如果短路不是发生在发电机端口，而是发生在发电机外电路电抗 X 之后，则式（2-19）～式（2-22）中的电抗 X_d、X_d' 和 X_d''，均应加上 X。利用电力系统仿真软件 DIgSILENT/PowerFactory 仿真工具建立如图 2-40 所示的网络接线，进行三相短路仿真。设定仿真时长为 1s，在 0.5s 时发生三相短路故障，短路故障设置在线路 1 距离母线 AC10kV-1 的 60%处，仿真时长内故障一直存在，保护未动作，并且发电机仍然与电网相连。

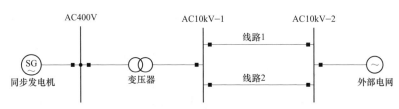

图 2-40 同步发电机短路仿真系统接线

此故障情况下，同步发电机的短路故障电流如图 2-41（b）所示。可以看出，短路电流在短路故障瞬间电流峰值达到了额定电流的 12 倍，5 个周波后直流分量衰减到零，若故障一直存在，短路电流进入稳态值，大约为额定电流的 4 倍左右。

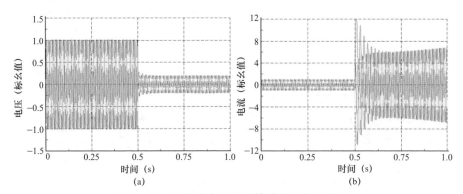

图 2-41 同步发电机短路故障电压电流波形
（a）电压；（b）电流

2.3.1.3 异步发电机型分布式新能源的短路电流特性

以普通异步风电机组为例，分析异步发电机类型的分布式新能源短路电流输出特性。异步电机的稳态等值电路如图 2－42 所示。

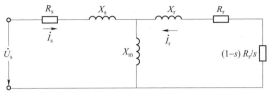

图 2－42　异步电机等值电路

　　其中，jX_m 为励磁电抗，$R_s + jX_s$ 为定子漏阻抗，$R_r + jX_r$ 为转子漏阻抗。
将异步电机的电压、磁链用空间矢量形式表示，电压与磁链方程为

$$\begin{cases} v_s = R_s i_s + \dfrac{\mathrm{d}\Psi_s}{\mathrm{d}t} + j\omega_s \Psi_s \\[3mm] v_r = R_r i_r + \dfrac{\mathrm{d}\Psi_r}{\mathrm{d}t} + j(\omega_s - \omega_r)\Psi_r \end{cases} \tag{2-23}$$

$$\begin{cases} \Psi_s = L_s i_s + L_m i_r \\[2mm] \Psi_r = L_r i_r + L_m i_s \end{cases} \tag{2-24}$$

　　假设 $t = 0$ 时机端发生三相短路，故障后定子 A 相电流为

$$i_s = \frac{\sqrt{2}U_s}{j\omega_s L_s'}\left[\mathrm{e}^{-\frac{t}{T_{s0}}} - (1-\sigma)\mathrm{e}^{j\omega_r t}\mathrm{e}^{-\frac{t}{T_{r0}}} \right] \tag{2-25}$$

式中　L_s'——发电机瞬态电感；

　　L_s、L_r——定转子电感；

　　　L_m——定转子间的励磁电感；

　T_{s0}、T_{r0}——定子和转子衰减时间常数；

　　ω_s、ω_r——定子和转子角速度。

　　由式（2－25）可见，异步电机短路电流中包含直流分量和交流分量。
直流分量按定子侧的时间常数衰减，交流分量按转子侧的时间常数衰减。
其中，定子、转子衰减时间常数表达式为

$$\begin{cases} T_{s0} = \dfrac{1}{\omega_1 R_s}\left(X_s + \dfrac{X_m X_r}{X_m + X_r} \right) \\[4mm] T_{r0} = \dfrac{1}{\omega_1 R_r}\left(X_r + \dfrac{X_m X_s}{X_m + X_s} \right) \end{cases} \tag{2-26}$$

若短路点到机端的线路阻抗为 $R_1 + jX_1$，则定子、转子衰减时间常数为

$$\begin{cases} T_{s0} = \dfrac{1}{\omega_1(R_s + R_1)}\left(X_s + X_1 + \dfrac{X_m X_r}{X_m + X_r}\right) \\ T_{r0} = \dfrac{1}{\omega_1 R_r}\left(X_r + \dfrac{X_m(X_s + X_1)}{X_m + X_s + X_1}\right) \end{cases} \qquad (2-27)$$

以单台异步风电机组为对象研究分布式新能源的短路故障动态响应特性。利用 DIgSILENT/PowerFactory 仿真工具建立图 2-43 所示的网络接线，进行三相短路仿真。仿真时长设为 1s，0.5s 时发生三相短路故障，在此期间内故障一直存在，保护未动作，并且异步发电机仍然与电网相连。

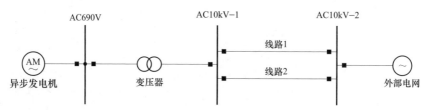

图 2-43 异步发电机短路仿真系统接线

短路故障设置在线路 1 距离母线 AC10kV-1 的 10%处，短路电阻设置为 0.01Ω。试验中，令机端电压降为 0。此故障情况下，异步发电机的短路故障电流如图 2-44（b）所示。可以看出，短路电流在故障瞬间增大，随后按指数衰减为零，时间大概在 10 个周波。若短路故障一直存在，在机端电压降为零的情况下，电流也衰减为零。

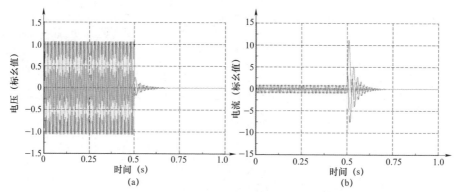

图 2-44 异步发电机短路故障电压电流波形

（a）电压；（b）电流

通过上述对不同类型的典型分布式新能源的短路电流特性分析，结合相关学者的研究，可以得到表 2-3 所示结论，变流器类型分布式新能源的电源短路电流为 1.2～1.5 倍额定电流；同步发电机类型的分布式新能源在短路瞬间能提供 10 倍额定电流的冲击电流，随后逐渐衰减到 2～4 倍额定电流；异步发电机类型的分布式新能源短路瞬间冲击电流最大可至 10 倍额定电流，10 个周波后衰减至零。

表 2-3　　　　　　　不同类型分布式新能源的短路电流

分布式新能源类型	短路电流
变流器	1.2～1.5 倍额定电流，持续时间取决于控制装置
同步发电机	5～10 倍额定电流，逐渐衰减到 2～4 倍额定电流
异步发电机	5～10 倍额定电流，10 个周波内衰减至零

2.3.2　对继电保护的影响

分布式新能源的接入会改变配电网拓扑结构，短路故障情况下分布式新能源提供的短路电流也会影响到配电网自动保护的动作。配电网的保护主要是电流保护，本小节介绍在不同节点接入分布式新能源对配电网电流保护的影响。

2.3.2.1　线路末端接入分布式新能源

研究分布式新能源接入线路末端对继电保护的影响，如图 2-45 所示，S 为大电网，P1、P2、P3、P4 为不同线路上的保护，LD1、LD2、LD3、LD4 为负荷。系统在分布式新能源接入馈线的 F1 点、F2 点、同一母线的其他馈线 F3 点、F4 点分别发生短路故障。

此时大电网（S）和分布式新能源（DRE）之间的区段由原来的单电源辐射供电变成双电源供电，其他区段仍为单电源供电。系统短路点位置不同，分布式新能源的接入对各保护动作行为的影响也不同，具体分析如下。

分布式新能源发电规划与运行技术

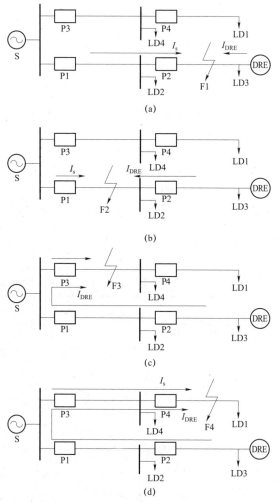

图 2-45　线路末端接入分布式新能源

(a) F1 处发生短路；(b) F2 处发生短路；(c) F3 处发生短路；(d) F4 处发生短路

（1）F1 点发生短路故障。F1 点发生短路故障时，正常情况下应由保护 P2 动作切除故障，由于保护 P3、P4 感受不到短路电流，因而其动作行为不受分布式新能源接入的影响。流过故障点的短路电流由大电网 S 和分布式新能源 DRE 两者共同提供，但流过保护 P1、P2 的短路电流仅由大电网 S 提供，P1、P2 感受到的短路电流的大小和方向均与接入分布式新能源前相同，故保护的动作行为不受分布式新能源接入的影响，P2 能可靠动作并切除故障线路。

（2）F2 点发生短路故障。当 F2 点发生短路故障时，正常情况下应由保护 P1 动作切除故障，保护 P3、P4 同样感受不到短路电流，因而其动作行为也不受分布式新能源接入的影响。流过故障点的短路电流由大电网 S 和分布式新能源 DRE 两者共同提供，但流过保护 P1 的短路电流仅由大电网 S 提供，保护动作行为不受接入分布式新能源的影响，P1 能可靠动作并切除故障线路。

（3）同一母线的其他馈线 F3 点发生短路故障。当与接入分布式新能源的线路共母线的其他馈线在 F3 发生短路故障时，短路电流由大电网 S 和分布式新能源 DRE 共同提供，P3 能可靠动作并切除故障线路；但当 F3 点故障时，保护 P1、P2 均能感受到由分布式新能源提供的短路电流，存在误动的可能性，由于 P2 原有整定的动作值和动作延时都比 P1 小，若分布式新能源容量过大，则 P2 存在误动并切除本线路的可能性。

（4）同一母线的其他馈线 F4 点发生短路故障。当 F4 点发生短路故障时，最理想的情况是仅由 P4 动作并切除故障线路，但存在两个问题，即：①分布式新能源容量过大，使 P2 误动并切除本线路；②由于 P3 感受到的短路电流由大电网 S 和分布式新能源 DRE 共同提供，流过 P3 的短路电流增大，将可能导致其瞬时速断保护躲不开 F4 点发生故障时的短路电流而误动，将本线路切除，从而使保护失去选择性。

2.3.2.2 线路中间位置接入分布式新能源

研究分布式新能源接入线路中段对继电保护的影响，如图 2－46 所示。

此时大电网 S 与分布式新能源 DRE 之间的区段为双电源供电，其他区域仍为单电源供电。系统短路点位置不同，分布式新能源的接入对各保护的影响也不同，具体分析如下：

（1）F1 点发生短路故障。当 F1 点发生短路故障时，P3、P4 感受不到短路电流，因而保护动作行为不会受到分布式新能源接入的影响。流过 P2 的短路电流将由大电网 S 和分布式新能源 DRE 共同提供，保护能可靠动作并切除故障线路。值得注意的是，此时流过保护 P1 的短路电流虽也仅由大电网 S 提供，但此短路电流比接入分布式新能源前 F1 发生短路时流过 P1 的短路电流要小（且接入的分布式新能源容量越大，F1 发生短路时 P1 感受到的短路电流越小），因而 P1 后备保护的灵敏度将有所降低。

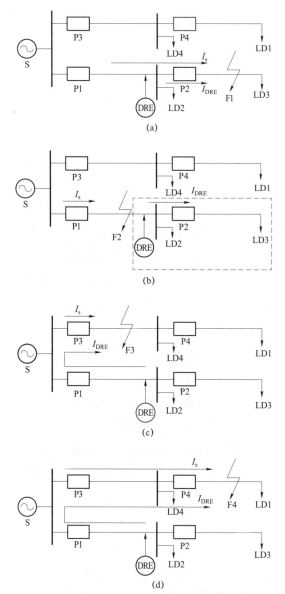

图 2-46　线路中间位置接入分布式新能源

（a）F1 处发生短路；（b）F2 处发生短路；（c）F3 处发生短路；（d）F4 处发生短路

（2）F2 点发生短路故障。当 F2 点发生短路故障时，保护 P3、P4 感受不到短路电流，其动作行为不会受到分布式新能源接入的影响。流过保护 P1 的短路电流只由大电网 S 提供，P2 不流过短路电流，保护均无影响。

（3）同一母线的其他馈线 F3 点发生短路故障。当 F3 点发生短路故障时，P2 感受不到短路电流，其保护动作行为不会受到影响。流过 P3 的短路电流由大电网 S 和分布式新能源 DRE 共同提供，保护能可靠动作并切除故障线路。但当 F3 点发生故障时，保护 P1 能感受到分布式新能源提供的短路电流，若分布式新能源容量过大，则 P1 会误动并切除该线路。

（4）同一母线的其他馈线 F4 点发生短路故障。当 F4 点发生短路故障时，P2 感受不到短路电流，其保护动作行为不会受到影响。P4 感受到的短路电流由大电网 S 和分布式新能源 DRE 共同提供，保护能可靠动作并切除故障线路。但当 F4 点发生故障时，保护 P1 能感受到分布式新能源提供的短路电流，若分布式新能源容量过大，则 P1 会误动并切除本线路。流过保护 P3 的短路电流由大电网 S 和分布式新能源共同提供，流过 P3 的短路电流增大，可能会导致其瞬时速断保护躲不开 F4 点发生故障时的短路电流而误动，将本线路切除，从而使保护失去选择性。

2.3.2.3 线路首端接入分布式新能源

专线接入的分布式新能源，很多情况下是接入线路首端，这种情况相当于分布式新能源和系统电源并联，增大了供电容量。此时在网络中发生短路故障时，流经保护的电流将增大，保护的灵敏性增加，保护能准确动作。但需注意的是，若分布式新能源容量过大，发生短路故障时，流经保护的电流增加过大，可能发生过流保护动作范围延伸到下一级线路，影响保护的选择性。

综上所述，可以得到以下结论：

（1）当短路发生在所加装的分布式新能源下游，分布式新能源下游的保护范围扩大，分布式新能源容量足够大时将引起误动，同时分布式新能源上游的限时速断保护范围缩小，分布式新能源容量较大时会出现拒动。

（2）当短路发生在所加装分布式新能源相邻线路时，电源上游保护可能流过反向电流，从而引起误动；相邻线路保护范围扩大，分布式新能源容量足够大时将引起误动。

（3）变流器型、同步发电机型、异步发电机型分布式新能源分别具有不同的短路电流特性，在分析其对继电保护的影响时，需要区分不同类型的电源注入短路电流的大小与周波次数，变流器型电源短路电流小，影响相对较小。

2.3.3 继电保护的配置

在配置分布式新能源的继电保护及安全自动装置时，需要依据分布式新能源接入位置与接入容量，规划合适的配置方案。分布式新能源的继电保护及安全自动装置配置应满足可靠性、选择性、灵敏性和速动性的要求，其技术条件应符合《分布式电源并网技术要求》（GB/T 33593—2017）、《继电保护和安全自动装置技术规程》（GB/T 14285—2006）、《3kV～110kV 电网继电保护装置运行整定规程》（DL/T 584—2007）和《低压配电设计规范》（GB 50054—2011）的要求。

2.3.3.1 线路保护

线路保护应以保证公共电网的可靠性为原则，兼顾分布式新能源的运行方式，采取有效的保护方案。

1. 380/220V 电压等级接入

分布式新能源以 380/220V 电压等级接入公共电网时，并网点和公共连接点的断路器应具备短路瞬时、长延时保护功能和分励脱扣、失压跳闸及低压闭锁合闸等功能。

2. 10kV 电压等级接入

（1）送出线路继电保护配置。

1）采用专用送出线路接入系统。分布式新能源采用专用送出线路接入变电站或开关站 10kV 母线时，一般情况下配置（方向）过流保护，也可以配置距离保护；当上述两种保护无法整定或配合困难时，需增配纵联电流差动保护。

2）采用 T 接线路接入系统。分布式新能源采用 T 接线路接入系统时，为了保证其他用户的供电可靠性，需在分布式新能源站侧配置无延时过流保护，以反映内部故障。

（2）系统侧相关保护校验及完善要求。

1）分布式新能源接入配电网后，应对分布式新能源送出线路与相邻线路现有保护进行校验，当不满足要求时，应调整保护参数。

2）分布式新能源接入配电网后，应校验相邻线路的开关和电流互感器是否满足要求（最大短路电流）。

3）分布式新能源接入配电网后，应在必要时按双侧电源线路完善保护配置。

2.3.3.2　母线保护

分布式新能源系统设有母线时，可不设专用母线保护，发生故障时可由母线有源连接元件的后备保护切除故障。有特殊要求时，如后备保护时限不能满足要求，也可相应配置保护装置，快速切除母线故障。

需对变电站或开关站侧的母线保护进行校验，若不能满足要求时，则变电站或开关站侧需要配置保护装置，快速切除母线故障。

2.3.3.3　孤岛检测及安全自动装置

1. 孤岛检测

分布式新能源需具备快速检测孤岛且立即断开与电网连接的能力，防孤岛保护时间不大于 2s，其防孤岛保护应与配电网侧线路重合闸和安全自动装置动作时间相配合。

2. 安全自动装置

分布式新能源接入系统的安全自动装置应该实现频率电压异常紧急控制功能，按照整定值跳开并网点断路器。分布式新能源 10kV 接入系统时，需在并网点设置安全自动装置；若 10kV 线路保护具备失压跳闸及低压闭锁合闸功能，可以按 U_N 实现解列，也可不配置具备该功能的自动装置。380V 电压等级接入时，不独立配置安全自动装置。

2.3.3.4　其他

当以 10kV 线路接入公共电网环网柜、开关站等时，环网柜或开关站需要进行相应改造，具备二次电源和设备安装条件。当空间无法满足需求时，可选用壁挂式、分布式直流电源模块，实现分布式新能源接入系统方案的要求。

系统侧变电站或开关站线路保护重合闸检无压配置应根据当地调度主管部门要求设置，必要时配置单相 TV。接入分布式新能源且未配置 TV 的线路原则上取消重合闸。

分布式新能源并网变流器应具备过流保护与短路保护、孤岛检测，在频率电压异常时自动脱离系统的功能。电机类并网的分布式新能源其电机本体应该具有反映内部故障及过载等异常运行情况的保护功能。

2.4 谐波影响分析

由于分布式光伏、分布式风电内都有大量的电力电子元件，会对电网造成一定的谐波污染，严重时会影响到电网的供电质量。分布式新能源接入后所引起的谐波问题，与分布式新能源系统的谐波注入以及电网的运行方式有关，因此，需要针对特定的电网结构，以及分布式新能源所采用的电力电子元件的谐波含量，进行综合的仿真分析，对潜在的问题进行有效评估。

电力电子设备通过电力电子器件的频繁开通与关断，实现电力变换功能，其输入输出关系具有明显的非线性特征。在正常运行情况下，开关器件频繁地开通和关断必然会产生一系列的谐波分量，对电网造成谐波污染，其中开关频率附近的谐波分量幅度较大。

2.4.1 谐波特性

分布式风电机组中，直驱风电机组只有网侧变流器并网端口，而双馈风电机组具有电机定子侧、网侧变流器两个并网端口。直驱风电机组通过与电网直接相连的电力电子变流器实现能量传输，其外特性由通过滤波器与电网相连的网侧变流器决定。双馈风电机组除具有与直驱风电机组相类似的网侧变流器外，还具有双馈电机（doubly fed induction generator，DFIG）定子侧并网端口，其并网谐波电流构成更为复杂。下面分别从直驱（光伏特性与直驱类似）、双馈风电机组两方面给出并网点谐波电流的解析式。

2.4.1.1 直驱风电机组

直驱风电机组并网电流主要由电网电压和变流器电压在滤波电路上的响应决定，其网侧变流器输出谐波电流有两个主要成因：① 电网背景谐波引入谐波源所产生的谐波电流，属于电网注入谐波源；② 调制死区所引入谐波源产生的谐波电流，属于变流器输出谐波源。

在外部电网背景谐波电压和内部调制死区的共同作用下，由于不存在零序三次及其整数倍谐波电流通路，网侧变流器仅会输出（$6k\pm1$）次谐波电流。图 2-47 给出了考虑内部与外部谐波源作用下网侧变流器的等效电路，则有

$$i_{Gc} = i_o + i_{dt} = -\frac{u_G(j\omega_h)}{Z_o(j\omega_h)} + \frac{u_{dt}(j\omega_h)}{Z_{dt}(j\omega_h)} \qquad (2-28)$$

式中　i_{Gc}——网侧变流器输入到电网的谐波电流；

　　　i_o——电网背景谐波产生的谐波电流；

　　　i_{dt}——调制死区时间产生的谐波电流。

可见，i_{Gc} 由 i_o 与 i_{dt} 两部分构成。第一部分是由电网背景谐波产生的谐波电流，其幅值主要由电网背景谐波幅值决定，并会受到网侧变流器控制系统、滤波电抗器和滤波电容器参数变化的影响，但不受调制死区的影响。第二部分是由调制死区时间产生的谐波电流，其幅值主要由调制死区谐波电压幅值决定，并会受到网侧变流器自身控制系统、滤波电抗器的影响，但不会受到电网背景谐波的影响。这也就是说，由电网背景产生的谐波电流与由调制死区产生的谐波电流之间不存在相互影响，但二者由于频率相同将会产生叠加。

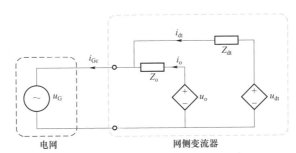

图 2-47　考虑内部与外部谐波源作用下网侧变流器的等效电路

针对 h 次谐波电流，将电网背景谐波电压和调制死区时间产生的谐波电流写成相量形式，则有

$$i_{oh} = I_{oh} \angle \varphi_{oh} = \left| \frac{u_G(j\omega_h)}{Z_o(j\omega_h)} \right| \angle \left(\varphi_{hv} - \theta_o + 180° \right) \qquad (2-29)$$

$$i_{dth} = I_{dth} \angle \varphi_{dth} = \left| \frac{u_{dt}(j\omega_h)}{Z_{dt}(j\omega_h)} \right| \angle \left(h\varphi_i - \theta_{dt} \right) \qquad (2-30)$$

式中　　h ——谐波次数，$h = 6k \pm 1$；

ω_h —— h 次谐波的角频率；

i_{oh}、i_{dth} ——背景谐波电压、调制死区效应产生的 h 次谐波瞬时值；

I_{oh}、I_{dth} ——网侧变流器 h 次并网谐波电流 i_{oh}、i_{dth} 的幅值；

φ_{oh}、φ_{dth} ——网侧变流器 h 次并网谐波电流 i_{oh}、i_{dth} 的相位角；

φ_i ——网侧变流器输出基频电流初始相位角，$\varphi_i = \varphi_v + \theta_c$；

φ_v、φ_{hv} ——基频电压、h 次谐波电压的初始相位角；

θ_c ——网侧变流器功率因数角；

θ_o、θ_{dt} ——内阻抗 Z_o、死区阻抗 Z_{dt} 在 h 次谐波频率点处对应的阻抗角。

网侧变流器输入到电网的谐波电流可表示为

$$i_{Gch} = I_{Gch} \angle \varphi_{Gch} \qquad (2-31)$$

$$I_{Gch} = \sqrt{I_{oh}^2 + I_{dth}^2 + 2I_{oh}I_{dth}\cos(\varphi_{oh} - \varphi_{dth})} \qquad (2-32)$$

$$\varphi_{Gch} = \varphi_{oh} - \arccos\left(\frac{I_{oh}^2 + I_{Gch}^2 - I_{dth}^2}{2I_{oh}I_{Gch}} \right) \qquad (2-33)$$

可见，网侧变流器输入到电网的谐波电流受到电网背景谐波与调制死区产生谐波电流幅值与相位的共同影响，并与网侧变流器的功率因数有关。

2.4.1.2　双馈风电机组

在研究双馈风电机组并网谐波特性时，应考虑两个并网端口：一是网侧变流器通过滤波器的并网端口，二是机侧变流器通过 DFIG 定子的并网端口。由于网侧变流器将母线电压控制稳定，所以稳定运行时，可认为机侧变流器与网侧变流器控制与运行相互解耦，因此可单独分析网侧变流器与 DFIG 定子侧谐波电流，由二者相加共同构成双馈风电机组并网谐波电流。双馈风电机组网侧变流器与直驱风电机组网侧变流器在拓扑结构、控制功能方面存在高度一致性，因此其并网谐波电流特性与直驱风电机组相同，则可直接采用式（2–31）的并网谐波电流表达式，对双馈风电机组网侧变流器并网谐波电流进行描述。

DFIG 定子侧输出谐波电流主要由电网背景谐波电压产生的谐波电流、PWM 调制死区效应产生的谐波电流两部分构成，并可表示为

$$i_{\mathrm{D}}^{\mathrm{s\alpha\beta}}(s) = i_{\mathrm{s}}^{\mathrm{s\alpha\beta}}(s) + i_{\mathrm{sdt}}^{\mathrm{s\alpha\beta}}(s) \qquad （2–34）$$

可见，DFIG 定子侧输出中频谐波电流主要由电网背景谐波电压产生的谐波电流、PWM 调制死区效应产生的谐波电流两部分构成，但这两部分产生原因与谐波频率均不同。$i_{\mathrm{s}}^{\mathrm{s\alpha\beta}}(s)$ 为电网背景谐波产生的谐波电流，主要由定子侧电压扰动产生，从定子侧传入，其频率为与转速无关，为电网基频的整数倍；$i_{\mathrm{sdt}}^{\mathrm{s\alpha\beta}}(s)$ 为调制死区效应产生的谐波电流，主要由接入转子侧的机侧变流器（rotor-side converter，RSC）调制产生的死区电压决定，从转子侧传入，其频率为转差频率的整数倍与 DFIG 转速的和或差，而呈现非工频整数倍谐波。

为简化分析流程，将产生于调制死区效应对应的谐波电流按照独立谐波电流源进行等效处理，可得 DFIG 定子侧的简化等效电路如图 2–48。

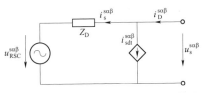

图 2–48　DFIG 定子侧简化等效电路

根据图 2–48 可知，DFIG 定子侧谐波电流，由 RSC 输出电压与电网电压差值在内阻抗 Z_{D} 形成的谐波电流，并叠加由 PWM 调制死区效应产生的独立谐波电流源，具体有

$$i_{\mathrm{D}}^{\mathrm{s\alpha\beta}}(s) = i_{\mathrm{s}}^{\mathrm{s\alpha\beta}}(s) + i_{\mathrm{sdt}}^{\mathrm{s\alpha\beta}}(s) = \frac{u_{\mathrm{s}}^{\mathrm{s\alpha\beta}}(\mathrm{j}\omega_{h}) - u_{\mathrm{RSC}}^{\mathrm{s\alpha\beta}}(\mathrm{j}\omega_{h})}{Z_{\mathrm{D}}(\mathrm{j}\omega_{h})} + i_{\mathrm{sdt}}^{\mathrm{s\alpha\beta}}(\mathrm{j}\omega_{\mathrm{dt}}) \qquad （2–35）$$

实际应用中，由于机侧变流器中定子有功、无功功率外环控制带宽较小而对谐波电压无调控能力，则可近似认为其输出为恒定直流量，因此式（2–35）给出的 RSC 输出电压在两相定子静止坐标系下呈现无谐波的正弦量形式。因此，可忽略机侧变流器输出电压对 DFIG 定子侧谐波电流的影响，则式（2–35）可简化为

$$i_D^{s\alpha\beta}(s) = \frac{u_s^{s\alpha\beta}(j\omega_h)}{Z_D(j\omega_h)} + i_{sdt}^{s\alpha\beta}(j\omega_{dt}) \qquad (2-36)$$

因此，DFIG 定子侧中频电流表现为两种典型频率：第一种，与 DFIG 转速无关且与电网背景电压谐波频率相同的谐波电流，这部分典型谐波电流是由电网背景电压存在谐波所产生，并且从定子侧注入，在定子绕组中呈现工频的（$6k\pm1$）倍；第二种，与电网背景电压谐波频率无关、与 DFIG 转速有关的谐波电流，这部分谐波电流是由机侧变流器 PWM 调制死区效应所产生，并且从转子侧流向定子侧，在转子绕组中呈现转差频率的（$6k\pm1$）倍。

由于 DFIG 定子侧与网侧变流器具有相同的并网点，则网侧变流器并网点电压可用 DFIG 定子电压表示，即 $u_G = u_s^{s\alpha\beta}$，同时直接采用式（2-31）的并网谐波电流表达式，对双馈风电机组网侧变流器并网谐波电流进行描述，则双馈风电机组并网点处谐波电流的解析表达式可写为

$$i_T = i_D - i_{Gc} = \frac{u_s^{s\alpha\beta}(j\omega_h)}{Z_D(j\omega_h)} + i_{sdt}^{s\alpha\beta}(j\omega_{dt}) - \frac{u_{dt}(j\omega_h)}{Z_{dt}(j\omega_h)} + \frac{u_s^{s\alpha\beta}(j\omega_h)}{Z_o(j\omega_h)} \quad (2-37)$$

综上所述，双馈风电机组并网点处谐波电流呈现整数次与非整数次谐波电流共存的形式。整数次谐波电流可分为两部分，一是由电网背景谐波作用于机侧、网侧变流器控制系统而产生；二是由网侧变流器调制死区造成的实际电压与指令之间的偏差而产生。非整数次谐波由机侧变流器产生在转子绕组中整数次谐波电流，并通过 DFIG 电机的频率折算后，在定子绕组中呈现非整数次谐波电流。

2.4.2 谐波计算方法

2.4.2.1 谐波电流允许值

对于以电力电子器件方式接入电网的分布式新能源发电装置，需要考虑到其谐波的影响，在电网阻抗过大的情况下，主要考虑低次谐波的影响，变流器阻尼不足的情况下，主要考虑高次谐波的影响。

《电能质量　公用电网谐波》（GB/T 14549—1993）中规定，公共连接点的全部用户向该点注入的谐波电流分量（方均根值）不应超过表 2-4 中规定的允许值。

表 2-4　　　　　　　　　　注入公共连接点的谐波电流允许值

标准电压 (kV)	基准短路容量 (MVA)	谐波次数及谐波电流允许值（A）											
		2	3	4	5	6	7	8	9	10	11	12	13
0.38	10	78	62	39	62	26	44	19	21	16	28	13	24
6	100	43	34	21	34	14	24	11	11	8.5	16	7.1	13
10	100	26	20	13	20	8.5	15	6.4	6.8	5.1	9.3	4.3	7.9
35	250	15	12	7.7	12	5.1	8.8	3.8	4.1	3.1	5.6	2.6	4.7
66	500	16	13	8.1	13	5.4	9.3	4.1	4.3	3.3	5.9	2.7	5.0
110	750	12	9.6	6.0	9.6	4.0	6.8	3.0	3.2	2.4	4.3	2.0	3.7
220	2000	12	9.6	6.0	9.6	4.0	6.8	3.0	3.2	2.4	4.3	2.0	3.7

标准电压 (kV)	基准短路容量 (MVA)	谐波次数及谐波电流允许值（A）											
		14	15	16	17	18	19	20	21	22	23	24	25
0.38	10	11	12	9.7	18	8.6	16	7.8	8.9	7.1	14	6.5	12
6	100	6.1	6.8	5.3	10	4.7	9.0	4.3	4.9	3.9	7.4	3.6	6.8
10	100	3.7	4.1	3.2	6.0	2.8	5.4	2.6	2.9	2.3	4.5	2.1	4.1
35	250	2.2	2.5	1.9	3.6	1.7	3.2	1.5	1.8	1.4	2.7	1.3	2.5
66	500	2.3	2.6	1.9	3.8	1.6	3.4	1.6	1.9	1.5	2.8	1.4	2.6
110	750	1.7	1.9	1.9	2.8	1.3	2.5	1.2	1.4	1.1	2.1	1.0	1.9
220	2000	1.7	1.9	1.9	2.8	1.3	2.5	1.2	1.4	1.1	2.1	1.0	1.9

注　220kV 基准短路容量取 2000MVA。

当公共连接点处的最小短路容量不同于基准短路容量时，表 2-4 中的谐波电流允许值的换算见式（2-38）

$$I_h = \frac{S_{k1}}{S_{k2}} I_{hp} \qquad (2-38)$$

式中　S_{k1} ——公共连接点的最小短路容量，MVA；

　　　S_{k2} ——基准短路容量，MVA；

　　　I_{hp} ——表 2-4 中的第 h 次谐波电流允许值，A；

　　　I_h ——短路容量为 S_{k1} 时的第 h 次谐波电流允许值，A。

对于在公共连接点处的第 i 个分布式新能源的第 h 次谐波电流允许值，采用式（2-39）进行计算

$$I_{hi} = I_h (S_i / S_t)^{1/a} \qquad (2-39)$$

式中　　S_i——第 i 个用户的用电协议容量，MVA；

　　　　S_t——公共连接点的供电设备容量，MVA；

　　　　a——相位叠加系数，按表 2-5 取值。

表 2-5　　　　　　　　　　谐波的相位叠加系数

谐波次数	3	5	7	11	13	9|>13|偶次
相位叠加系数	1.1	1.2	1.4	1.8	1.9	2

2.4.2.2　多并网点分布式新能源发电系统谐波电流的计算

分布式光伏发电/风力发电一般都是含多台逆变器/风电机组，关于多并网点分布式新能源谐波电流畸变总和的计算，IEC 61400-21-2008 给出了连接在公共连接点上的多台设备引起的谐波电流的计算公式

$$I_{h\Sigma} = \sqrt[\beta]{\sum_{i=1}^{N_{wt}} \left(\frac{I_{h,i}}{n_i} \right)^{\beta}} \qquad (2-40)$$

式中　　N_{wt}——连接到公共连接点上的设备数目；

　　　　$I_{h\Sigma}$——公共连接点上的 h 阶谐波电流畸变；

　　　　n_i——第 i 个设备变压器的变比；

　　　　$I_{h,i}$——第 i 个设备 h 次谐波电流畸变；

　　　　β——表 2-6 中给出的指数。

表 2-6　　　　　　　　　　指 数 β 的 规 定

谐波次数	β
$h<5$	1.0
$5 \leqslant h \leqslant 10$	1.4
$h>10$	2.0

2.4.3　谐波计算案例

2.4.3.1　案例介绍

该案例选择在某开发区的 1 号行政村、2 号行政村、3 号行政村和 4

号行政村的农户中建设分布式光伏发电,其中4个区域中共有3844户农户,每户规划安装分布式光伏发电容量为 4.08kW, 总计安装 15.68MW, 每户平均用电负荷 4kW, 该分布式光伏发电接入系统方案如图 2-49 所示。

该开发区电网位于某变电站 10kV 电网内,4 个行政村中有 1 个行政村位于 1 号线路上, 3 个行政村位于 2 号线路上, 每个行政村分别有 4~7 个 10kV/0.4kV 变压器, 规划的分布式光伏发电在满足户用功率需求后的富余电力通过这些变压器送到 10kV 电网内。

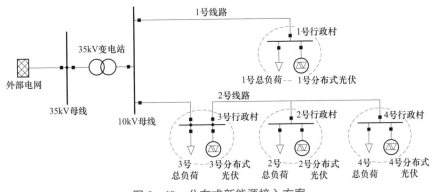

图 2-49 分布式新能源接入方案

2.4.3.2 谐波电流

分布式光伏发电所采用的某型号 4kW 逆变器谐波电流参数如表 2-7 所示。

表 2-7 某型号 4kW 逆变器谐波电流参数（220V）

谐波次数	谐波电流含有率（%）	谐波次数	谐波电流含有率（%）
2	0.082	9	0.200
3	1.280	10	0.037
4	0.061	11	0.139
5	0.857	12	0.030
6	0.052	13	0.151
7	0.301	14	0.026
8	0.047	15	0.054

谐波次数	谐波电流含有率（%）	谐波次数	谐波电流含有率（%）
16	0.024	24	0.017
17	0.056	25	0.138
18	0.023	26	0.015
19	0.193	27	0.044
20	0.019	28	0.017
21	0.084	29	0.033
22	0.018	30	0.015
23	0.064		

注　基波电流为10.5A。

根据表2−7谐波电流参数和分布式光伏的接入方案可得出2号行政村5号变压器下所有分布式光伏在变压器0.4kV母线处注入的谐波电流及限值，如表2−8所示。可以看出，该地区分布式光伏产生的各次谐波电流注入满足国家标准的要求。

表2−8　　　　　　　　　分布式光伏注入的谐波电流及限值

谐波次数	谐波电流（A）	谐波电流限值（A）	谐波次数	谐波电流（A）	谐波电流限值（A）
2	2.191 4	59.141 3	14	0.694 8	8.340 4
3	34.207 5	47.009 8	15	1.443 1	9.098 7
4	1.630 2	29.570 7	16	0.641 4	7.354 8
5	22.903 0	47.009 8	17	1.496 6	13.648 0
6	1.389 7	19.713 8	18	0.614 7	6.520 7
7	8.044 1	33.361 8	19	5.157 8	12.131 6
8	1.256 1	14.406 2	20	0.507 8	5.914 1
9	5.344 9	15.922 7	21	2.244 9	6.748 2
10	0.988 8	12.131 6	22	0.481 0	5.383 4
11	3.714 7	21.230 2	23	1.710 4	10.615 1
12	0.801 7	9.856 9	24	0.454 3	4.928 4
13	4.035 4	18.197 3	25	3.688 0	9.098 7

谐波次数	谐波电流（A）	谐波电流限值（A）	谐波次数	谐波电流（A）	谐波电流限值（A）
26	0.400 9	—	29	0.881 9	—
27	1.175 9	—	30	0.400 9	—
28	0.454 3	—			

2.4.3.3　谐波电压

图 2-50、图 2-51 分别为该地区所有分布式光伏接入后，中午 12:00 在电网 35kV 变电站 10kV 母线和 2 号行政村 5 号变压器 0.4kV 母线上产生的谐波电压波形和各次谐波电压含有率。表 2-9 为《电能质量　公用电网谐波》（GB/T 14549—1993）规定的电网谐波电压含有率限值。通过对比可以看出，各母线谐波电压含有率小于标准规定的最大值。

表 2-9　　　　　　　　各次谐波电压含有率限值

电网标称电压（kV）	电压总畸变率（%）	各次谐波电压含有率（%）	
		奇次	偶次
0.38	5.0	4.0	2.0
6	4	3.2	1.6
10			
35	3	2.1	1.2
66			
110	2	1.6	0.8

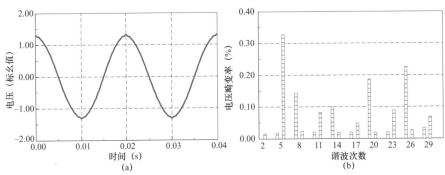

图 2-50　35kV 变电站 10kV 母线电压波形和各次谐波电压畸变率

（a）电压波形；（b）各次谐波电压畸变率

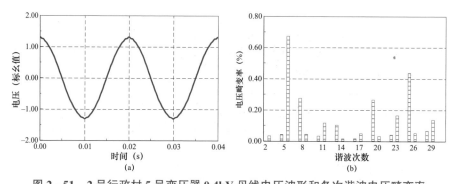

图 2-51　2 号行政村 5 号变压器 0.4kV 母线电压波形和各次谐波电压畸变率

（a）电压波形；（b）各次谐波电压畸变率

第 3 章

优 化 规 划 技 术

　　分布式新能源优化规划首先要对选址区域进行资源评估和场地勘察。资源评估是通过对选址区域资源数据的收集、统计和计算，判断选址区域是否具有建设分布式新能源的资源条件，并进行项目的经济性分析；场地评估主要勘察选址区域是否存在地质灾害隐患、工程障碍等因素，确保工程能够顺利建设投运。分布式新能源的资源评估和场地勘察是优化规划的基础和边界，在满足资源条件和场地要求的前提下，本章讨论分布式新能源接入位置和容量的优化规划。

　　由第 2 章分析可知，分布式新能源并网会对电网的电压分布、潮流、继电保护、短路电流和电能质量带来影响，影响程度与分布式新能源的接入位置和容量密切相关。合理的规划可以有效改善电网电压、降低网络损耗和提高供电可靠性，反之则会增加电网损耗、降低电网电压合格率。因此，分布式新能源的优化规划技术是分布式新能源并网首先要解决的问题。

　　分布式新能源的并网规划是一个非线性、多变量和多目标函数的优化问题，可以采用优化算法对其进行求解，主流的优化算法有经典数学优化方法、启发式优化算法以及智能优化算法。从 2.1.3 节出力特性分析可知，分布式新能源出力具有随机性和波动性，采用传统的恒出力或典型日的方式进行分布式新能源的优化规划，必然带来较大的分析误差。为此，本章介绍了基于长过程仿真的分布式新能源优化规划方法，可计及分布式新能源出力和负荷随机性的影响，结果更符合实际。

3.1 基于长过程仿真的规划方法

本章介绍的基于长过程仿真的分布式新能源优化规划方法,结合实际网络结构,根据全年每小时的分布式新能源出力和负荷数据进行 8760 次潮流计算,以全年网络电能损耗最小和新能源年发电量最大为目标函数,以全网电压不越限等为约束条件,应用自适应改进遗传算法,计算得到分布式新能源的最优接入位置和容量。

3.1.1 优化规划模型

分布式新能源发电接入的优化规划目标函数常为新能源年发电量最大和网络年电能损耗最小。其中,以年发电量最大为优化目标时,分布式新能源的接入容量更大,经济效益更好。以网络损耗最小为目标函数时,整个配电网的经济性更好。也可以采用加权因子,实现两个目标的综合优化。分布式新能源接入的约束条件包括等式约束和不等式约束,由于分布式新能源大量接入极易引起电压越限,因此,电压不越限是重要的约束条件之一。

3.1.1.1 目标函数

(1)目标函数 1:网络年电能损耗最小。

$$\min W_{\text{loss}} = \sum_{k=1}^{8760} (\text{Re}(\sum_{i}^{N_{\text{bra}}} U_{i(k)} I_{i(k)}^*) + W_{T(k)}) \qquad (3-1)$$

式中　$U_{i(k)}$ ——第 k 小时支路 i 的电压降;

　　　$I_{i(k)}^*$ ——第 k 小时支路 i 流过电流的共轭;

　　　$W_{T(k)}$ ——第 k 小时变压器损耗;

　　　N_{bra} ——总支路数。

(2)目标函数 2:分布式新能源年发电量最大。

$$\max W_{\text{G}} = \sum_{i=1}^{N} W_i \qquad (3-2)$$

式中　W_{G} ——分布式新能源的年发电量;

　　　N ——分布式新能源的接入点总数;

W_i——第 i 个接入点分布式新能源的年发电量，$W_i = (\sum\limits_{k=1}^{8760} P_k)$；

P_k——第 k 小时分布式新能源的有功功率。

3.1.1.2　约束条件

（1）等式约束条件：等式约束是各节点的有功功率和无功功率平衡约束，即系统的潮流约束方程，其表达式为

$$P_{Gi}(k) - P_{Di}(k) - U_i(k)\sum_{j=1}^{N_s} U_j(k)(G_{ij}\cos\theta_{ij} + B_{ij}\sin\theta_{ij}) = 0, \quad i \in N_s$$

$$Q_{Gi}(k) - Q_{Di}(k) - U_i(k)\sum_{j=1}^{N_s} U_j(k)(G_{ij}\sin\theta_{ij} - B_{ij}\cos\theta_{ij}) = 0, \quad i \in N_s$$

$$（3-3）$$

式中　N_s——总节点数；

G_{ij}、B_{ij}——节点 i、j 之间的电导与电纳；

U_i、U_j——节点 i、j 的电压幅值；

P_{Gi}、Q_{Gi}——节点 i、j 处发电机的有功出力和无功出力；

P_{Di}、Q_{Di}——节点 i 的有功与无功负荷。

（2）不等式约束条件：不等式约束条件包括各发电机出力上下限约束、各节点电压幅值上下限约束和各支路传输功率约束，其表达式为

$$\begin{cases} U_{i\min} \leqslant U_i \leqslant U_{i\max} & i \in N_s \\ P_{Gi\min} \leqslant P_{Gi} \leqslant P_{Gi\max} & i \in N_G \\ Q_{Gi\min} \leqslant Q_{Gi} \leqslant Q_{Gi\max} & i \in N_G \\ P_{ij} \leqslant P_{ij\max} & ij \in N_L \end{cases}$$

$$（3-4）$$

式中　N_s、N_G、N_L——总节点、发电机、支路数；

$U_{i\max}$、$U_{i\min}$——各节点电压的上下限；

$P_{Gi\max}$、$P_{Gi\min}$——发电机节点的有功出力上下限；

$Q_{Gi\max}$、$Q_{Gi\min}$——发电机节点的无功出力上下限；

P_{ij}、$P_{ij\max}$——支路 i、j 流过的有功功率和功率上限值。

3.1.2　规划平台介绍

3.1.2.1　长过程仿真规划主程序结构

长过程仿真规划结合了 DIgSILENT/PowerFactory 和 Matlab 两个软件

的优点。电力系统仿真软件 DIgSILENT/PowerFactory 潮流计算速度快，网络拓扑结构可视化且有面向程序化过程的编程语言 DPL，可以读取外部数据以及输出指定参数至指定文件夹。Matlab 编程简单方便且便于调试，通常用于最优化计算。基于 Matlab-DIgSILENT/PowerFactory 的长过程仿真优化方法，整个过程可以分解为三个部分：主程序、DIgSILENT/PowerFactory 部分和 Matlab 部分。其中，主程序控制 Matlab 和 DIgSILENT/PowerFactory 的启动、运行状态的监视（优化数值、运行次数及运行时间）和协调以及显示运行结果和监视历史记录；DIgSILENT/PowerFactroy 主要用来计算全年8760 次潮流，输出网络年节点电压、年电能损耗和分布式新能源年发电量；Matlab 主要用来编译优化程序和处理约束条件，输出分布式新能源的接入位置和容量。基于 Matlab 与 DIgSILENT/PowerFactory 的长过程仿真优化联合运行流程如图 3−1 所示。

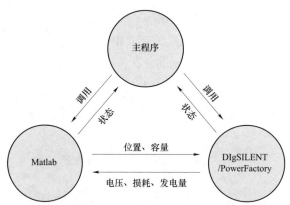

图 3−1　基于 Matlab-DIgSILENT/PowerFactory 的
长过程仿真优化联合运行流程

基本过程如下：

（1）初始化，启动主程序开始运行。

（2）主程序向 Matlab 优化程序发出指令，Matlab 程序开始运行。主程序循环扫描 Matlab 程序的运行状态，若 Matlab 程序运行结束，则返回一个状态值给主程序，此时主程序判定 Matlab 程序运行结束，将 Matlab 运行结果（分布式新能源的接入位置和容量）以 txt 格式输出至指定文件夹。

（3）主程序向 DIgSILENT/PowerFactory 发出指令，DIgSILENT/PowerFactory 收到主程序指令，在指定文件夹读取 Matlab 程序运行结果开始运行。主程序循环扫描 DIgSILENT/PowerFactory 的运行状态，若 DIgSILENT/PowerFactory 运行结束，则返回一个不同的状态值给主程序，此时主程序判定 DIgSILENT/PowerFactory 运行结束。DIgSILENT/PowerFactory 运行结果（网络节点电压、年电能损耗和分布式新能源年发电量）同样以 txt 格式输出至指定文件夹。

（4）重复步骤（2）～（3）。

（5）满足搜索终止条件，运行结束，输出最优解。

3.1.2.2　基于 DIgSILENT/PowerFactory 的长时间序列仿真

在基于 Matlab-DIgSILENT/PowerFactroy 长过程仿真方法中，DIgSILENT/PowerFactory 主要是利用 Matlab 生成的种群（分布式新能源的接入位置和容量），对每一个个体进行全年 8760 次潮流计算，输出节点电压、年电能损耗和分布式新能源年发电量。基于 DIgSILENT/PowerFactory 的长过程仿真程序主要包括 RunPrj、MyDPL 和 SetElmLodFromTxt 三个部分，DIgSILENT/PowerFactory 运行界面和流程如图 3-2 所示。

基本过程如下：

（1）主程序监测到 Matlab 运行结束，激活 RunPrj 开始运行。

（2）DIgSILENT/PowerFactory 发送开始运行状态值至 C 盘 txt 文档。

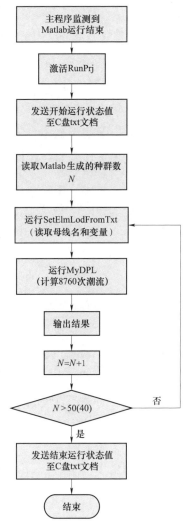

图 3-2　基于 DIgSILENT/PowerFactory 的长时间序列仿真运行流程

65

（3）DIgSILENT/PowerFactory 读取 Matlab 生成的种群个数 $N=50$（40），其中，50 和 40 分别表示遗传算法中父代和子代种群个数。

（4）SetElmLodFromTxt 读取 Matlab 生成的种群值，每个个体包括分布式新能源的接入容量及其连接的母线参数名。随后，SetElmLodFromTxt 对比读取的母线参数名与 DIgSILENT/PowerFactory 搭建的网络母线参数名是否一致。若母线参数名相同，表示该母线上要安装分布式新能源，则将对应的数值赋值给母线上连接的分布式风电，若母线参数名不相同，则读取下一个个体。

（5）MyDPL 对种群中每一个个体进行全年 8760 次潮流计算。

（6）输出网络年电压合格率、年电能损耗和年发电量至相应文件夹。

（7）终止条件判断：若循环次数大于 50（40），则执行下一步，否则返回步骤（4）。

（8）DIgSILENT/PowerFactory 发送结束运行状态值至 C 盘 txt 文档，计算结果以 txt 文档形式输出至指定文件夹。

（9）DIgSILENT/PowerFactory 运行结束。

3.1.2.3　基于 Matlab 的优化算法

在基于 Matlab-DIgSILENT/PowerFactory 长过程仿真方法中，Matlab 主要用来编译优化算法和约束条件。由于 Matlab 运行过程中需要 DIgSILENT/PowerFactory 的计算结果，因此，单一使用 Matlab 来编译优化的算法不适用，需要对 Matlab 编写的优化算法进行分段打包处理。根据实际需求将程序分为三个部分，并编译为可执行程序 exe1、exe2 和 exe3，图 3-3 表示其运算流程。

基本过程如下：

（1）初始化，调用 exe1 开始运行。

（2）exe1 运行。首先，exe1 发送开始运行状态值至 C 盘 txt 文档，生成初始种群，种群个数 $N=50$；其次，exe1 输出种群值和种群个数至相应的文件夹中及进行数据备份；最后，exe1 发送结束运行状态值至 C 盘 txt 文档，运行结束。

（3）主程序监测到 exe1 运行结束，调用 DIgSILENT/PowerFactory 开始运行。DIgSILENT/PowerFactory 利用 exe1 的运行结果计算全年 8760 次

潮流计算，输出节点电压、网络年电能损耗和分布式新能源年发电量。

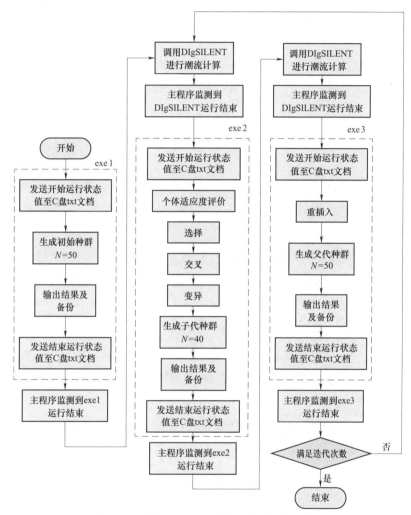

图 3-3　基于 Matlab 的优化算法运行流程

（4）主程序监测到 DIgSILENT/PowerFactory 运行结束，调用 exe2 开始运行。

（5）exe2 运行。首先，exe2 发送开始运行状态值至 C 盘 txt 文档，对 exe1 生成的初始种群进行个体适应度评价、选择、交叉和变异操作生成子代种群，子代种群的个数 $N=40$；其次，exe2 输出子代种群值和种群个数至相应的文件夹并进行数据备份；最后，exe2 发送结束运行状态值至 C 盘 txt 文档，运行结束。

（6）主程序监测到 exe2 运行结束，调用 DIgSILENT/PowerFactory 开始运行。DIgSILENT/PowerFactory 同样利用 exe2 的运行结果计算全年 8760 次潮流计算，输出节点电压、网络年电能损耗和分布式新能源年发电量。

（7）主程序监测到 DIgSILENT/PowerFactory 运行结束，调用 exe3 开始运行。

（8）exe3 运行。首先，exe3 发送开始运行状态值至 C 盘 txt 文档，对 exe2 生成的子代种群进行重插入形成新的父代种群，父代种群的个数 $N=50$；其次，exe3 输出父代种群值和种群个数至相应的文件夹并进行数据备份；最后，exe3 发送结束运行状态值至 C 盘 txt 文档，运行结束。

（9）主程序监测到 exe3 运行结束，判断进化代数计数器 t 是否大于最大进化代数。若 $t \leqslant T$，则调用 DIgSILENT/PowerFactory 开始运行，转到步骤（4）；若 $t > T$，则输出最优解，终止运算。

3.2 分布式风电规划案例

本节基于 3.1 节所述长过程仿真规划平台，以某县级配电网为例，介绍分布式风电的优化规划方法。本案例所述分布式风电，采用兆瓦级大型风电机组，其并网电压为 10kV 及以上。

为提高项目经济性，分布式风电建设的前提之一是不新建高压输电线路和升压变电站，因此，在分布式风电选址定容优化规划之前，已根据变电站间隔情况确定了可接入点，再对接入点一定范围内的风能资源和土地条件进行评估，得出各接入点的最大可开发容量。然后计及网络结构和负荷情况，以各节点电压不越限为约束条件，尽可能地多接入分布式风电或实现电网网损最小。

3.2.1 模型及参数

所选电网为某地区县级配电网，包含 110、35kV 和 10kV 三个电压等级，共计 11 个节点，其拓扑结构如图 3-4 所示，风电出力和负荷全年变化曲线如图 3-5 所示，典型日变化曲线如图 3-6 所示，线路参数见表 3-1。考虑到实际土地条件和网络结构，3、8 和 11 号节点适合接入分布式风电。设置遗传算法种群数目 $N=50$；交叉概率取 $P_{c1}=0.9$、$P_{c2}=0.4$；变异概率取 $P_{m1}=0.1$，$P_{m2}=0.001$；迭代次数 $T=50$。

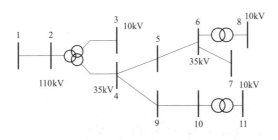

图 3-4 某地区配电网络拓扑结构

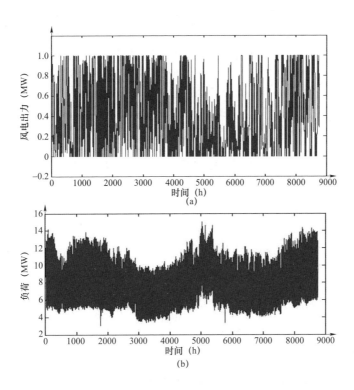

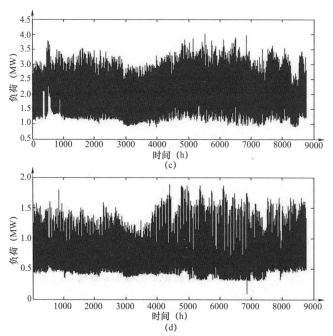

图3-5　风电全年出力曲线和负荷全年变化曲线

（a）1MW风电全年出力曲线；（b）3号节点负荷全年变化曲线；
（c）8号节点负荷全年曲线；（d）11号节点负荷全年变化曲线

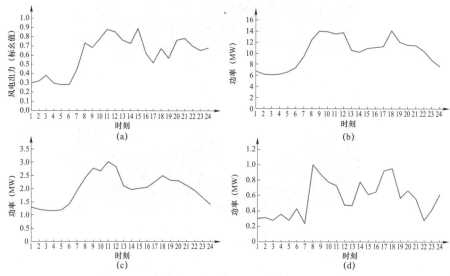

图3-6　风电典型日出力曲线和负荷典型日变化曲线

（a）风电典型日出力曲线；（b）3节点负荷典型日变化曲线；
（c）8节点负荷典型日变化曲线；（d）11节点负荷典型日变化曲线

表 3-1　　　　　　　　　　　线 路 参 数

线路起点	线路终点	线路型号	线路电阻（Ω/km）	线路电抗（Ω/km）
1	2	LGJ-240/110	0.132	0.378
4	5	LGJ-70/35	0.45	0.417
4	9	LGJ-70/35	0.45	0.417
5	6	YJV22-3×70 26/35	0.26	0.132
9	10	YJV22-3×70 26/35	0.26	0.132

3.2.2　结果分析

分别以网络电能损耗最小和分布式风电年发电量最大为目标函数，计算分布式风电的最优接入容量，结果如表 3-2 所示。其中，全年方式是基于长过程仿真平台，以全年 8760 点的风资源和负荷数据为输入进行的优化计算；典型日方式是基于某大/小负荷日曲线计算得出的结果。为便于比较，典型日计算出了风电装机容量后，进行了全年发电量和损耗的计算。

表 3-2　　　　　　　　　分布式风电最优接入位置和容量

目标函数	数据输入	接入位置	分布式风电容量（MW）	电能损耗（MWh）		发电量（MWh）
				接入前	接入后	
电能损耗最小	全年	3	11	1877	1684	29 450
		8	2			
		11	1			
	典型日（小负荷日）	3	14		1724	39 968
		8	3			
		11	2			
年发电量最大	全年	3	16		2117	52 589
		8	6			
		11	4			
	典型日（大负荷日）	3	18		2260	87 244
		8	8			
		11	4			

从表 3-2 可以看出，采用全过程仿真规划可以实现全年最优，而以某一典型日负荷来计算，分布式风电的最优接入位置和容量则很大程度上取

决于典型日负荷的大小，不同的取值会得出不同的优化方案，难以实现全年最优。

（1）以电能损耗最小为目标函数，分布式风电接入后网损有所降低，采用全年数据输入的网损下降更为显著。全过程仿真分析结果为风电装机14MW，年电能损耗下降 10.3%，而典型小负荷日分析结果为风电装机19MW，年电能损耗下降 8.2%。

（2）以年发电量最大为目标函数，分布式风电装机容量比以网损最低为目标函数时明显增大，网损比不接风电时有所增加，且如果典型日负荷选取不当，会出现节点电压越限。全过程仿真分析结果为风电装机 26MW，年发电量 52 589MWh；而典型大负荷日分析结果为风电装机 30MW，年发电量 87 244MWh，但在进行潮流计算校核时发现，8 号和 11 号节点出现了电压越限，年电压越限时间占比分别高达 46% 和 19%，若不采取相应措施将会导致分布式风电长时间无法正常并网运行。

（3）针对实际工程，应根据不同的需求确定优化目标从而得出规划方案，也可以采用多目标加权方式，实现多目标优化规划。

（4）上述分析均基于分布式风电采用恒功率因数 1.0 控制，实际上，风电机组通过无功电压控制，可在一定程度上改善并网点电压，在高负荷时发出无功功率改善配电网低电压问题，在风电大出力时吸收无功功率改善并网点高电压问题，相关控制技术和控制策略，将在本书第 5 章进行介绍。

3.3 分布式光伏规划案例

分布式光伏规划与分布式风电规划大体相同，但分布式光伏的接入电压更广、接入位置更灵活。因此，规划中分布式光伏的并网点更多，复杂程度更大。本节选取某一市郊电网为例，介绍分布式光伏的优化规划。同样，在分布式光伏选址定容优化规划之前，已根据电网接入情况确定了可接入点，再对接入点一定范围内的土地和屋顶资源进行了评估，得出各接入点的最大可开发容量。然后计及网络结构和负荷情况，以各节点电压不越限为约束，尽可能地多接入分布式光伏或实现电网网损最小。

3.3.1 模型及参数

所选电网为某市郊配电网络，包括 220kV、110kV 和 35kV 三个电压等级，共计 17 个变电站，其中 1 个 220kV 变电站，7 个 110kV 变电站，9 个 35kV 变电站,其网络拓扑结构如图 3-7 所示。遗传算法种群数目 $N=50$；交叉概率取 $P_{c1}=0.9$、$P_{c2}=0.4$；变异概率取 $P_{m1}=0.1$，$P_{m2}=0.001$；迭代次数 $T=50$。根据负荷大小和网络结构，在节点 8、11、14、21 和 22 处接入分布式光伏发电。图 3-8 为 1MW 光伏发电系统全年出力曲线，图 3-9 为接入分布式光伏发电系统的各个变电站高电压端测得的全年负荷曲线。

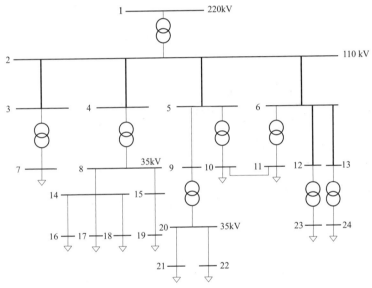

图 3-7 某市郊配电网络拓扑结构

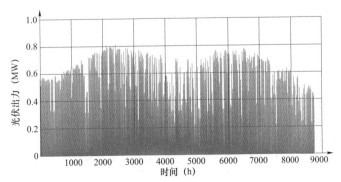

图 3-8 1MW 光伏发电系统全年出力

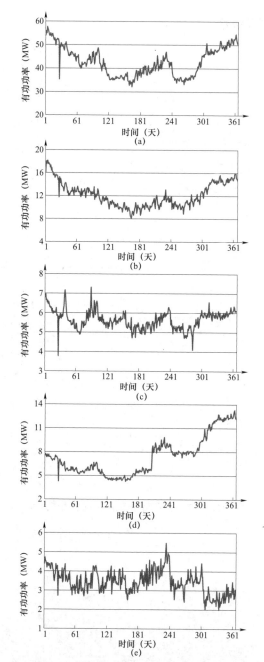

图3-9 分布式光伏接入节点全年负荷曲线

（a）4号节点全年负荷；（b）6号节点全年负荷；（c）14号节点全年负荷；

（d）21号节点全年负荷；（e）22号节点全年负荷

3.3.2 结果分析

分别以网络电能损耗最小和分布式光伏年发电量最大为目标函数，计算分布式光伏的最优接入容量，结果如表 3-3 所示。

表 3-3　　　　　　　分布式光伏最优接入位置和容量

目标函数	数据输入	接入位置	分布式光伏容量（MW）	电能损耗（MWh）		发电量（MWh）
				接入前	接入后	
电能损耗最小	全年	8	25	7712	5670	55 845
		11	8			
		14	2.5			
		21	5			
		22	2			
	典型日（大负荷）	8	28		6362	70 956
		11	10			
		14	3			
		21	8			
		22	5			
	典型日（小负荷）	8	20		5998	40 734
		11	5			
		14	2			
		21	3			
		22	1			
年发电量最大	全年	8	40		9422	106 434
		11	15			
		14	6			
		21	12			
		22	8			

从表 3-3 可以看出，采用全过程仿真规划可以实现全年最优，而以某一典型日负荷来计算，分布式光伏的最优接入位置和容量则很大程度上取决于典型日负荷的大小，不同的取值会得出不同的优化方案，难以实现全年最优。

（1）以电能损耗最小为目标函数，分布式光伏接入后网损有所降低，采用全年数据输入的网损下降更为显著。

（2）以年发电量最大为目标函数，分布式光伏装机容量比以网损最低为目标函数时明显增大，网损比不接光伏时有所增加。

（3）针对实际工程，应根据不同的需求确定优化目标从而得出规划方案，也可以采用多目标加权方式，实现多目标优化规划。

（4）上述分析均基于分布式光伏采用恒功率因数 1.0 控制，实际上，利用本书第 5 章的无功电压控制技术，可以通过光伏逆变器的无功电压控制，在一定程度上改善并网点电压。

第 4 章

运行控制仿真技术

分布式新能源一般通过变流器等电力电子装置并网,优点是控制灵活,可以根据并网需求定制控制策略,承担无功电压控制、电能质量改善等任务。

半实物仿真技术将电力电子装置核心研究对象实物化,而非核心研究对象则建立精细化仿真模型,两者结合进行实时仿真,融合了仿真技术灵活便捷性和物理装置准确性的优点,是仿真技术新的发展方向。半实物仿真技术也可以作为新产品、新装置、新控制策略现场调试的前置工作,有效降低现场调试工作量,缩短现场调试周期。

分布式新能源运行控制涉及的半实物仿真技术主要包括快速控制原型(rapid control prototyping,RCP)仿真技术和硬件在环(hardware-in-the-loop,HIL)仿真技术。其中,按照在环的设备类型不同可将硬件在环仿真技术分为控制硬件在环(control hardware-in-the-loop,CHIL)仿真和功率硬件在环(power hardware-in-the-loop,PHIL)仿真两类。

三种半实物仿真技术的原理如图 4-1 所示。在分布式新能源发电系统的 RCP 仿真中,以仿真模型代替控制器和电网,通过接口装置与实际控制对象构成闭环控制系统,完成对控制策略的仿真测试,提高了开发效率;在 CHIL 仿真中,以仿真模型替代控制对象和电网,与实际控制器构成闭环控制系统,完成对控制器的性能测试;在 PHIL 仿真中,以仿真模型替代电网,通过功率放大装置与实际控制器及控制对象构成闭环控制系统,完成系统功率运行特性的测试。

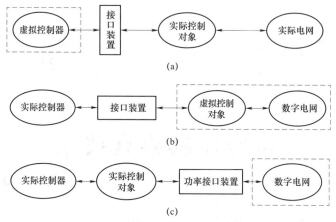

图 4-1 三种半实物仿真技术原理图

（a）快速控制原型仿真；（b）控制硬件在环仿真；（c）功率硬件在环仿真

4.1 快速控制原型仿真技术

4.1.1 仿真原理

快速控制原型（RCP）仿真可用于控制系统开发的初期阶段，快速地建立控制器模型，并对整个控制系统进行多次在线试验验证控制方案的可行性，RCP 仿真平台原理图如图 4-2 所示。

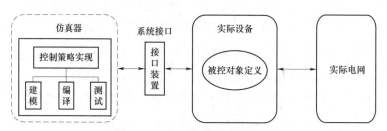

图 4-2 RCP 仿真平台原理图

由图 4-2 可知，RCP 仿真平台的实现主要包含仿真模型搭建、实际设备接入、数字模型与实际设备的接口设计三部分。

（1）仿真模型搭建。仿真平台数字模型搭建是 RCP 仿真技术的核心，它借助计算机硬件平台对控制器和系统外环境进行快速建模，通过实际的

I/O（input/output）设备与被控对象实物进行互联。仿真器完成系统控制策略的建模、编译、测试，并且可以反复、快速地修改控制模型和参数，进行在线实时仿真，有针对性地验证系统控制策略的可行性、可靠性。利用辅助编译工具（如 Matlab/Simulink、LabVIEW 等）可以将控制框图直接转换成控制代码，提升建模效率，达到快速开发目的。

（2）实际设备接入。实际设备接入环节是 RCP 仿真平台的重要组成部分，一方面减少了仿真建模的工作量，同时提高了仿真结果的准确度；另一方面保证控制仿真系统能够在闭环条件下完成测试，增强控制策略开发和测试的针对性。

（3）数字模型与实际设备的接口设计。数字模型与实际设备的接口设计是实现仿真工作的必要环节，它是连接虚拟环境和实际设备的桥梁，可以提高系统的兼容性和灵活性。接口设计通常包括 I/O 口数模转换、光/电信号转换、通信协议转换以及模拟信号功率放大。

RCP 仿真技术具有以下优点：

（1）将系统建模、实时仿真、性能测试集成于一个系统平台，控制策略易于实现，为控制策略开发与测试节省了大量时间，极大提高了控制器的开发效率。

（2）仿真平台允许在线实时调整控制参数，方便观测系统运行控制特性，控制结构和参数迭代优化灵活，可以快速开发出适合控制对象或系统环境的控制方案。

（3）依托 RCP 仿真平台，直接控制被控对象，测试控制性能，能够满足实际工程精度要求。

4.1.2　平台设计案例

框架体系构建是实现分布式新能源供电系统稳定运行的基础，新能源供电系统内部发电单元数量多、运行状态差异大，集中式控制面临数据采集和通信量大、响应速度慢、控制策略选择不合适时易出现振荡等问题。采用下垂控制的分布式新能源发电单元的并联协调运行控制技术，可对电网提供有功和无功支撑，确保电网稳定运行。

为了研究和验证分布式新能源供电系统中多个发电单元的并联协调运

行控制技术，本节介绍一种基于 RCP 仿真技术的分布式新能源数字物理混合仿真（简称数模混合仿真）平台，该平台可以实现基于 DC/AC 变流器的分布式新能源控制策略的 RCP 测试，与同类 RCP 测试实验平台相比，该平台 DC/AC 变流器的控制策略并未完全采用实时仿真器实现，而是采用底层物理设备和上层仿真控制器相结合的分层控制设计技术，增加了系统的可靠性和灵活性。

由于开发工具不同，RCP 有不同的实现形式，以下所介绍的 RCP 仿真基于 NI－PXI 平台实现。PXI（PCI extensions for instrumentation，PXI）作为面向仪器系统的 PCI（peripheral component interconnect）扩展，是一种由美国国家仪器（National Instruments，NI）公司生产发布的基于 PC（personal computer）技术的测量和自动化平台。NI－PXI 平台支持实时（real-time）操作系统，可实现 RCP 仿真系统平台的搭建。NI VeriStand 是一种支持 NI－PXI 平台的配置实时仿真应用程序的软件开发环境，能够从 Matlab/Simulink 中导入控制算法和仿真模型。操作人员通过 Windows 主系统配置 NI VeriStand 引擎架构，完成仿真模型在 PXI 实时系统的部署，自动完成仿真模型对应控制代码的生成。

采用图 4－3 中的 NI－PXI 1045 嵌入式控制器作为 PXI 数字仿真平台的实时硬件目标终端，利用 NI VeriStand 软件配置创建实时测试系统，既可实现分布式新能源供电系统控制策略的全数字实时仿真，也可以实现数模混合仿真，具体实现方式如下。

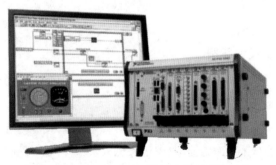

图 4－3　NI－PXI 1045 嵌入式控制器实物图

4.1.2.1　全数字实时仿真

（1）在 Matlab/Simulink 中完成分布式新能源供电系统仿真模型搭建和编译，生成动态链接库。

（2）安装 NI VeriStand 软件，配置 VeriStand Project，通过 VeriStand 系统资源管理器将生成的动态链接库部署到 VeriStand 实时引擎。

（3）将搭建的模型下载至全数字实时仿真装置 NI－PXI，实现分布式新能源供电系统的全数字实时仿真。

在全数字实时仿真过程中，可以通过 VeriStand 工作区观察实时仿真的运行状态，进而对分布式新能源供电系统的控制策略进行修改和优化。

4.1.2.2　数模混合仿真

基于 NI－PXI 的数模混合实时仿真平台结构如图 4－4 所示。编译通过全数字仿真验证的分布式新能源供电系统 Simulink 模型，配置 VeriStand Project，将全数字仿真模型中控制系统的输入信号切换为仿真装置实际的输入信号，用模型中控制系统的输出信号控制实际的物理平台。PXI 采集外部物理平台的实际运行信号，通过模型中的控制算法实现对物理平台的实时控制，完成数模混合实时仿真。

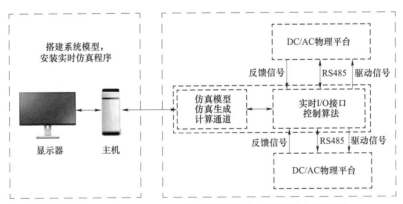

图 4－4　基于 NI－PXI 的数模混合实时仿真平台结构图

基于 NI－PXI 的数模混合实时仿真平台主要由两个分布式电源、线路阻抗模拟装置、系统负荷模拟装置、NI－PXI 全数字实时仿真装置和电网等组成，仿真平台整体设计方案如图 4－5 所示。

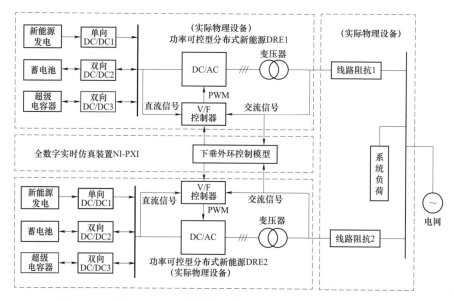

图 4-5 基于 NI-PXI 的数模混合实时仿真平台整体设计方案图

（1）分布式新能源。分布式新能源是基于混合储能的可调度型分布式新能源发电单元，直流侧由分布式光伏发电系统、蓄电池、超级电容器以及相应的 DC/DC 变换器并联组成，3 台 DC/DC 变换器配备集中监控系统，负责光伏发电系统、蓄电池、超级电容器之间的协调控制，实现直流母线电压的稳定运行；交流侧 DC/AC 变流器采用下垂控制，参与分布式新能源供电系统的调频调压。

下垂控制通过改变 DC/AC 变流器的外环控制实现，为了加强分布式新能源的就地控制能力，提高数模混合仿真平台的灵活可靠性，有效验证多种分布式新能源的协调运行控制策略，DC/AC 变流器采用分层控制设计技术。DC/AC 变流器的内环控制通过底层物理设备 DSP 控制器实现，包括 DC/AC 变流器数据采集、基本运行模式控制等；外环控制通过在实时仿真装置 NI-PXI 系统上搭建数字模型实现下垂控制策略的验证。下层的物理模型与上层数字模型通过分布式新能源定义的标准接口无缝对接，实现分布式新能源供电系统实验平台的数模混合仿真。DC/AC 变流器的控制框图如图 4-6 所示。

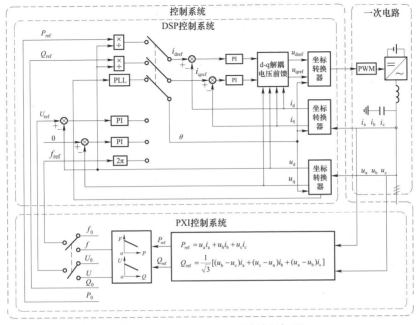

图 4-6　DC/AC 变流器的控制框图

（2）线路阻抗模拟装置。每个分布式新能源通过一个线路阻抗模拟装置接入电网，该模拟装置可分别模拟 380V、10kV、35kV 输电线路的 X/R 参数特性，通过设置改变线路的等效长度，进一步模拟分布式新能源以不同电压等级和不同距离接入电网的运行情况。

（3）系统负荷模拟装置。NI-PXI 的数模混合仿真平台中安装了一套系统负荷模拟装置，该装置通过参数设置，可以灵活改变系统的等效电阻、电感和电容负荷，进而实现对系统负荷的在线模拟功能。

（4）NI-PXI 全数字实时仿真装置。基于 NI-PXI 的全数字实时仿真装置通过搭建仿真模型，实现仿真平台的实时仿真，且该装置通过标准的对外接口，可实现与 DC/AC 变流器输出信号的无缝连接，进而实现实时仿真模型与 DC/AC 物理模型运行信号的实时交互。

（5）电网。该仿真实验平台通过一个并网开关与电网相连，通过对开关控制，可模拟实现系统并网运行模式和孤岛运行模式的稳态运行，同时也可模拟仿真实验平台的并网/孤岛运行模式切换的暂态运行。

综上所述，在 RCP 仿真过程中，PXI 充当仿真平台的主控单元，实现系统的运行控制，通过实时改变 PXI 中模型的控制算法，可以灵活实现对物理平台的多种控制方案，快速验证系统控制策略的有效性。

4.1.3　案例分析

针对孤岛状态下分布式新能源系统的分层控制策略，本节将在上述分布式新能源供电系统数模混合仿真平台上进行实验验证。通过验证下垂特性曲线、改变下垂特性曲线的空载频率/电压、改变下垂特性曲线的下垂系数三个层面完成分布式新能源供电系统的分层控制策略验证。设定图 4-5 中分布式新能源 DRE1 和 DRE2 的变流器分别采用 100kW 和 30kW 的双向变流器，其运行参数如表 4-1 所示。

表 4-1　　　　　　　　　　电源变流器运行参数

参数	DRE1 电源变流器	DRE2 电源变流器
有功功率范围	−30～30kW	−15～15kW
频率变化范围	49.5～50.5Hz	49.5～50.5Hz
无功功率范围	−30～30kvar	−15～15kvar
电压变化范围	360～400V	360～400V
频率−有功下垂系数（Hz/kW）	0.017	0.033
电压−无功下垂系数（V/kvar）	1.333	0.667

4.1.3.1　有功功率—频率下垂特性曲线实验验证

在实验过程中，系统的无功负荷为 0 保持不变，有功功率负荷从 7.5kW 突变到 15kW。实验结果如图 4-7 所示。

由图 4-7 可知，两电源并联运行，当系统有功负荷突增时，两电源输出的有功功率按照下垂系数的反比同时上升，系统频率同步下降，系统交流母线电压不变，从而验证了分布式新能源供电系统一次频率控制的有效性。需要说明的是，理想情况下，两电源输出的无功功率不变，本实验中由于变流器存在较小的开路控制偏差，因此无功功率有所变化。

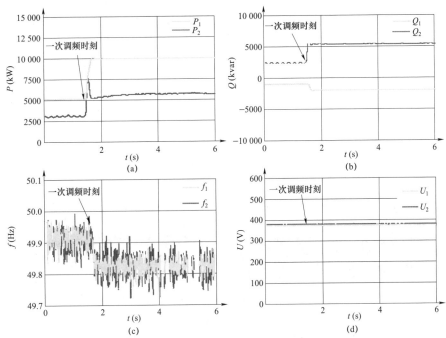

图 4-7　有功突变下有功功率—频率下垂特性实验曲线

（a）各电源输出有功功率；（b）各电源输出无功功率；

（c）系统频率；（d）系统交流母线电压有效值

4.1.3.2　无功功率—电压下垂特性实验验证

实验过程中，系统有功负荷保持 15kW 不变，无功负荷从 0 突变到 9kvar。实验结果如图 4-8 所示。

由图 4-8 可知，两电源并联运行，当系统无功负荷突增时，两电源输出的无功功率按照下垂系数的反比同时增加，交流母线电压相应降低，系统有功功率略有降低，系统频率不变，验证了分布式新能源供电系统一次电压控制的有效性。

4.1.3.3　改变下垂特性曲线频率基准值实验验证

实验过程中，系统的有功负荷为 15kW，无功负荷为 9kvar 保持不变，两电源有功功率—频率下垂特性曲线的频率基准值由 50Hz 突变到 50.2Hz。实验结果如图 4-9 所示。

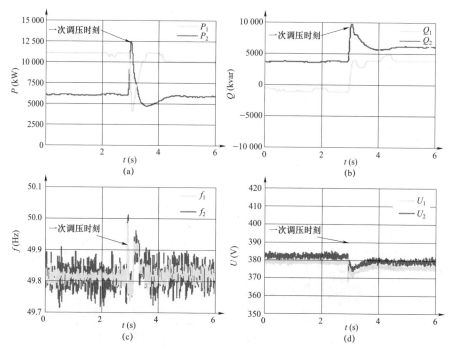

图4-8 无功突变下无功功率—电压下垂特性实验曲线

(a) 各电源输出有功功率；(b) 各电源输出无功功率；

(c) 系统频率；(d) 系统交流母线电压有效值

由图4-9可知，调整分布式新能源供电系统有功功率—频率下垂特性曲线的频率基准值，对下垂特性曲线进行平移，系统频率随之改变，系统交流母线电压、两电源的有功和无功出力均不变，验证了分布式新能源供电系统二次频率控制的有效性。

4.1.3.4 改变下垂特性曲线电压基准值实验验证

实验过程中，系统的有功负荷为15kW，无功负荷为9kvar保持不变，两电源无功功率—电压下垂特性曲线的电压基准由380V突变到390V。实验结果如图4-10所示。

由图4-10可知，调整分布式新能源供电系统电源无功功率—电压下垂特性曲线的电压基准，系统电压随之改变，系统频率不变，两电源输出的有功功率和无功功率随系统电压幅值的变化略有改变，但两电源输出功率之比不变。上述实验结果验证了分布式新能源供电系统二次电压控制的有效性。

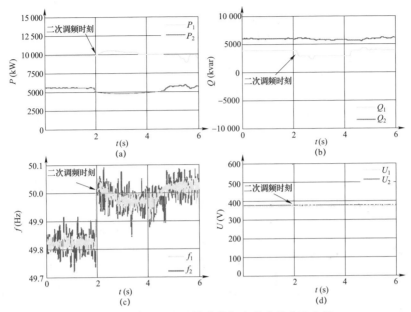

图4-9 改变下垂特性曲线频率基准值实验曲线

（a）各电源输出有功功率；（b）各电源输出无功功率；（c）系统频率；（d）系统交流母线电压有效值

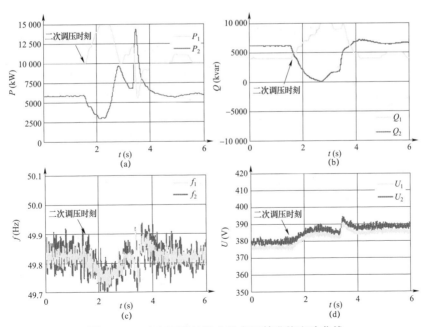

图4-10 改变下垂特性曲线电压基准值实验曲线

（a）各电源输出有功功率；（b）各电源输出无功功率；（c）系统频率；（d）系统交流母线电压有效值

4.1.3.5 改变下垂特性曲线频率下垂系数实验验证

实验过程中，系统有功负荷为 15kW，无功负荷为 9kvar 保持不变，频率基准值为 50Hz，电压基准值为 380V，DRE1 电源变流器的有功功率—频率下垂系数由 0.016 7 减小到 0.003 5，无功功率—电压下垂系数保持不变，DRE2 电源变流器的有功功率—频率和无功功率—电压下垂系数均保持不变。实验结果如图 4－11 所示。

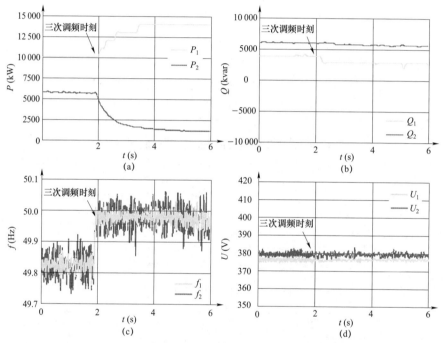

图 4－11　改变下垂特性曲线频率下垂系数实验曲线

（a）各电源输出有功功率；（b）各电源输出无功功率；（c）系统频率；（d）系统交流母线电压有效值

由图 4－11 可知，改变分布式新能源供电系统 DRE1 电源变流器的有功功率—频率下垂系数，系统的有功分配会改变，系统频率随频率下垂曲线及有功功率的分配而改变，两电源输出的无功功率及系统电压不变。上述实验波形符合电力系统三次频率控制理论。

4.1.3.6 改变下垂特性曲线电压下垂系数实验验证

实验过程中，系统有功负荷为 15kW，无功负荷为 9kvar 保持不变，频率基准值为 50Hz，电压基准值为 380V，DRE1 电源变流器的有功功率—频率和无功功率—电压下垂系数分别为 0.003 5 和 1.333，DRE2 电源变流器的有功功率—频率下垂系数不变，电压下垂系数由 0.667 减小为 0.333。实验结果如图 4-12 所示。

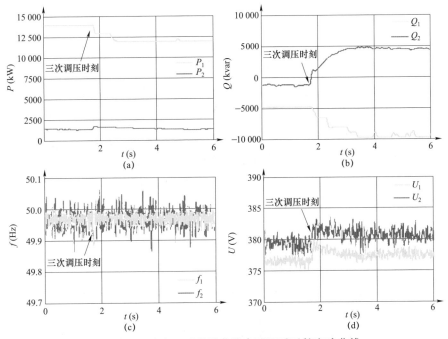

图 4-12　改变下垂特性曲线电压下垂系数实验曲线

（a）各电源输出有功功率波形；（b）各电源输出无功功率波形；
（c）系统频率波形；（d）系统交流母线电压有效值波形

由图 4-12 可知，改变分布式新能源供电系统 DRE2 电源变流器的无功功率—电压下垂系数，系统无功功率分配会改变，系统电压会随电压下垂特性曲线及无功功率分配的变化而改变，两电源输出的有功功率会随系统母线电压的变化而略有改变，但系统有功功率分配比例及系统频率均不变。上述实验波形符合三次电压控制。

本节基于 NI-PXI 的 RCP 数模混合仿真平台，完成了分布式新能源供电系统分层控制策略的实验验证。实验表明采用 RCP 仿真技术能够快速完成仿真系统的搭建，灵活的仿真环境能够完成多种控制方案的实验验证，实验结果贴近工程实际。可见，使用 RCP 仿真技术完成控制算法和控制策略的实验验证，具有高效、灵活和准确性高的优点。

4.2 控制硬件在环仿真技术

4.2.1 仿真原理

控制硬件在环（CHIL）仿真平台以仿真模型替代了除被测控制器以外的其他实际设备或环境，通过相应的接口设备将仿真模型与真实的控制器连接，构成闭环测试系统，并要求系统的软件环境和硬件设备按照实际工程的时间尺度运行，从而完成整个系统在不同工况下运行状态的模拟，以及实际控制器的功能和控制策略的实验验证。

由图 4-13 可知，CHIL 仿真平台主要由三部分组成，即实际设备（控制器）接入、仿真平台数字模型搭建、仿真器与实际设备的接口设计。

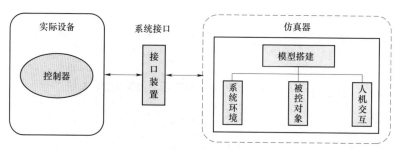

图 4-13　CHIL 仿真平台原理图

（1）实际设备（控制器）接入。控制器作为实际设备接入 CHIL 仿真平台，其作用是使用真实的控制器构成闭环仿真测试系统，检验构成实际系统的部分硬件乃至整个系统的性能指标与可靠程度，对系统参数及控制规律进行精确优化。CHIL 仿真在分布式新能源发电领域的仿真应用中，实际设备多指控制与保护设备。

（2）仿真平台数字模型搭建。仿真器中的数字模型是 CHIL 仿真平台的核心构成部分，用于实现仿真平台的系统环境（如电网）、被控对象（如功率模块）和人机交互（如系统控制指令下达模块）等特定功能，通过修改控制对象参数来模拟各种工况，对控制器性能和控制算法可靠程度完成验证。一般仿真器性能应满足以下要求：① 仿真环境可按照实际系统的时间尺度运行模型，确保平台运行的实时性和置信度；② 支持多速率运行不同的模块，确保平台可根据对象的特性使用不同速率完成层次化、模块化建模；③ 对于一台仿真器无法完成的大型复杂仿真系统，需要使用多台仿真器时，还要求仿真器能支持多台仿真设备并行运行。

（3）仿真器与实际设备的接口设计。接口设备为仿真平台的虚拟环境与实际设备提供信号交换渠道，一般包括 I/O 口数模转换、光/电信号转换、通信协议转换以及功率信号放大。不同的设备，其接口要求具有不同的精度及速度。在分布式新能源发电系统的 CHIL 仿真应用中，仿真平台与实际控制器之间交换真实的控制信号，接口设备应具备足够的精度与交换速度，满足实时仿真平台的小步长仿真需求。

CHIL 仿真技术具有以下优点：

（1）CHIL 实时仿真将控制器作为"灰盒子"处理，无需涉及控制器的控制框图和控制参数，只需明确控制器对外接口。基于 CHIL 实时仿真方法在仿真对象中嵌入真实控制器，既保留信号滤波、调制、延时等接口特性，又能体现源代码运算控制特性。

（2）CHIL 实时仿真是介于离线仿真与现场实测之间的一种有效方式，该方式与离线仿真相比，既能保留仿真模型灵活方便的特点，又能克服离线模型等效真实控制器带来的误差；与现场实测相比，既能保留真实装置控制特征，又能避免大功率实测装置实现难、造价成本高的瓶颈。

（3）CHIL 仿真平台利用其半实物仿真特点，可以检验实际控制器硬件的性能指标，对控制器参数整定及控制策略进行精确优化。

4.2.2　平台设计案例

在控制系统开发的初始阶段，通常先进行系统建模和仿真，对控制系统的可行性进行部分程度的验证。采用 CHIL 仿真将控制器接入闭环实时仿真平台，实现小步长仿真，完成对系统的暂态特性分析，一方面可避免对控制器进行精细建模，另一方面可保证仿真结果更加贴近工程实际。这里介绍一种基于 CHIL 仿真技术的分布式新能源发电系统电磁暂态实时仿真平台，通过仿真手段分析分布式新能源并网运行特性，研究其对配电网的影响。

CHIL 仿真基于 RT－LAB 技术实现，RT－LAB 是加拿大 Opal－RT 公司推出的一款工业级的系统实时仿真平台软件包。该平台能在短时间内以较低的成本建立实时系统动态模型，简化工程系统的设计过程，具有灵活、高效、可测量等优势。RT－LAB 完全集成 MATLAB/Simulink 和 MATRIXx/SystemBuild，采用分布式处理的专业化块设计，能将目标模型分割为几个子系统，便于并行处理；提供丰富的应用程序编程接口，便于开发自定义应用；使用 LabVIEW 等工具可以创建定制的功能和测试界面；支持接入多种 I/O 设备，可提供高度优化的硬件实时调度程序。

如图 4－14 所示，新能源 CHIL 电磁暂态实时仿真平台包括一台基于 OP5600 的中央处理器（central processing unit，CPU）仿真器，一台基于 OP5607 的现场可编程门阵列（field-programmable gate array，FPGA）仿真器和一台实体新能源发电单元控制器三个部分，实现风电、光伏等各类分布式新能源发电单元在不同电网条件下的暂态和稳态响应特性的仿真验证。

4.2.2.1　CPU 仿真器

OP5600 仿真器依托 Intel i7 多核 CPU 技术，具有较强的实时仿真计算能力，可以实现 FPGA 与 CPU 并行仿真，既可以作为单节点仿真系统，也能够与多台 RT－LAB 仿真器连接起来组成复杂系统的并行实时仿真系统，仿真步长可以达到 10～50μs。基于模块化与灵活的产品设计，能满足多种 I/O 需求与扩展，提供信号发生与采集功能，可模拟与采集 PWM、正交编码/解码、带时间标的数字信号、频率信号与占空比测量等。

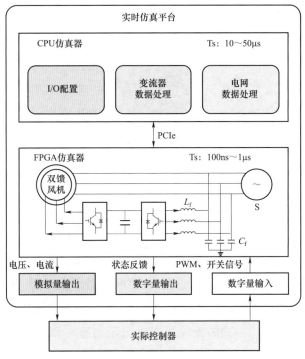

图 4-14　基于 RT-LAB 的新能源 CHIL
电磁暂态实时仿真平台结构图

该平台基于 OP5600 的 CPU 仿真器搭建分布式新能源发电系统数字模型，实现新能源发电单元的数据采集、计算、处理、存储、传输等功能，模拟不同的分布式新能源接入电网运行工况，如正常运行、低电压穿越、高电压穿越、短路故障。

4.2.2.2　FPGA 仿真器

CHIL 实时仿真需要考虑新能源发电单元并网接口、电力电子型变压器及变流器等装置的开关频率，精准模拟这些装置的开关频率是电磁暂态实时仿真平台搭建成功的关键要素。RT-LAB 采用了独有的电气硬件解算器（electric hardware solver，eHS）技术，借助 FPGA 仿真器建立新能源发电单元变流器及电网模型，其最小计算步长可达到 100ns，实现小步长电磁暂态仿真。OP5607 具有基于 Xilinx Virtex-7 FPGA 的 I/O 扩展单元，可通过光纤与其他 OPAL-RT 仿真器相连，实现不同配置下与待测实物装置的连接。

该平台以 OP5607 作为 FPGA 仿真器，将电机和变流器模型搭建于内，仿真步长低至 100ns～50μs，可精确地模拟分布式新能源发电单元的开关频率，满足系统实时仿真精度要求。仿真器根据新能源发电单元接口的 MATLAB 模型生成器生成电气节点网络模型，直接将相应的电气节点网络模型导入 eHS 算法并在 FPGA 中进行实时计算，无需编写专门的 FPGA 代码（如 VHDL 或者 Verilog 代码）。

4.2.2.3　实际控制器

实际控制器通过 FPGA 仿真器接入分布式新能源 CHIL 实时仿真平台，采集 FPGA 仿真器中模型的电压、电流等物理量进行判断和控制，并发送相应的断路器、接触器、IGBT 触发信号等控制命令到仿真器，仿真器中的模型根据接收的控制器指令，控制相应断路器、接触器、IGBT 的闭合和断开，模拟实际系统的运行情况。由此，构成分布式新能源发电系统实时仿真闭环测试系统，完成新能源发电单元的暂态和稳态响应特性仿真验证。

在分布式新能源发电系统的 CHIL 电磁暂态实时仿真过程中，OP5600 仿真器主要用于分布式新能源发电系统外环境的模型搭建，OP5607 仿真器利用 eHS 技术实现仿真平台的小步长仿真，以及实际控制器与仿真模型的连接，通过修改模型参数，实现对分布式新能源发电系统各种工况的模拟，分析分布式新能源并网运行特性，检验实际控制器的控制性能。

4.2.3　案例分析

根据 4.2.2 所述 CHIL 实时仿真平台设计方案，下面分析一种典型的分布式新能源发电单元 CHIL 实时仿真平台，该平台构成如图 4－15 所示。

图 4－15 中，电网模型以及数据采集、计算、处理、存储、传输等功能模块位于 CPU 仿真器 OP5600，通过以太网和上位机连接；电机模型、变流器模型位于 FPGA 仿真器 OP5607，通过 PCIe（peripheral component interconnect express）接口与 OP5600 仿真器连接；将实际的控制器保留在

仿真平台中，通过 DB37（37 线芯的通信 B 线）端子线与 OP5607 仿真器连接，进而构成完整的测试回路。OP5600 仿真器可以设置不同的电网工况，对新能源发电在配电网中的正常运行、低电压穿越、高电压穿越等运行特性进行 CHIL 仿真，进而验证实际控制器性能，并不断优化控制策略。

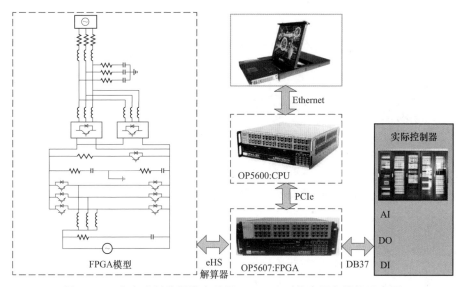

图 4-15　分布式新能源发电单元 CHIL 实时仿真平台结构示意图

这里将利用 CHIL 仿真平台模拟分布式新能源发电并网系统的低电压穿越和高电压穿越工况，分析电网电压及功率的电磁暂态响应特性，对直驱风电机组、双馈风电机组和光伏逆变器的控制器进行并网性能测试，实验结果如下。

4.2.3.1　直驱风电机组 CHIL 仿真试验

搭建直驱风电机组 CHIL 仿真平台，进行直驱风电机组低电压穿越、高电压穿越工况试验，记录、分析并网点电网电压 U、有功功率 P、无功功率 Q 电磁暂态响应曲线，各参数单位均为标幺值。图 4-16 为低电压穿越试验波形，图 4-17 为高电压穿越试验波形。

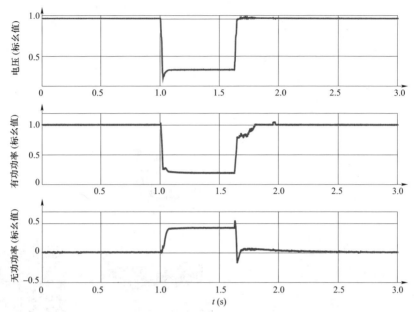

图4-16 直驱风电机组 CHIL 低电压穿越试验波形

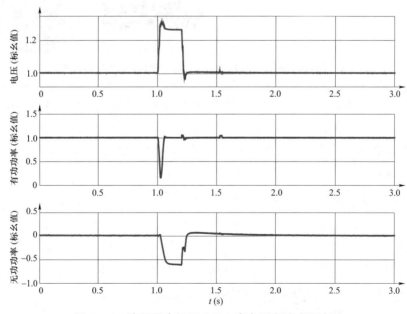

图4-17 直驱风电机组 CHIL 高电压穿越试验波形

由图 4-16 可知，当电网电压标幺值由 1 降到 0.2 时，风电机组发出无功功率，将电网电压标幺值抬高到 0.3，一定程度上抑制了电网电压的下降。由图 4-17 可知，当电网电压标幺值由 1 升到 1.3 时，风电机组吸收无功功率，将电网电压标幺值拉低到 1.25，一定程度上抑制了电网电压的上升。

4.2.3.2 双馈风电机组 CHIL 仿真试验

搭建双馈风电机组 CHIL 仿真平台，进行双馈风电机组低电压穿越、高电压穿越工况试验，记录、分析并网点电网电压 U、有功功率 P、无功功率 Q 电磁暂态响应曲线，各参数单位均为标幺值。图 4-18 为低电压穿越试验波形，图 4-19 为高电压穿越试验波形。

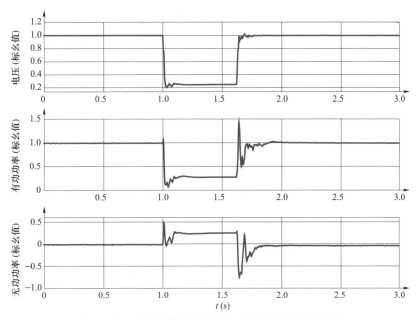

图 4-18 双馈风电机组 CHIL 低电压穿越试验波形

由图 4-18 可知当电网电压标幺值由 1 降到 0.2 时，风电机组发出无功功率，将电网电压标幺值抬高到 0.25，一定程度上抑制了电网电压的下降。由图 4-19 可知当电网电压标幺值由 1 升到 1.3 时，风电机组吸收无功功率，将电网电压标幺值拉低到 1.27，一定程度上抑制了电网电压的上升。

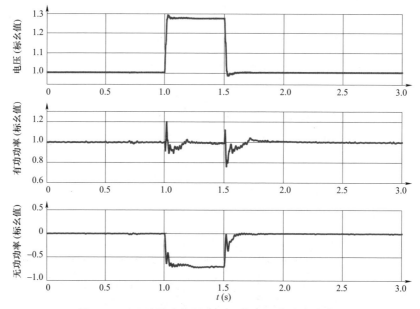

图 4-19　双馈风电机组 CHIL 高电压穿越试验波形

4.2.3.3　光伏逆变器 CHIL 仿真试验

搭建光伏逆变器 CHIL 仿真平台，进行光伏逆变器低电压穿越、高电压穿越工况试验，记录、分析并网点电网电压 U、有功功率 P、无功功率 Q 电磁暂态响应曲线，各参数单位均为标幺值。图 4-20 为低电压穿越试验波形，图 4-21 为高电压穿越试验波形。

由图 4-20 可知当电网电压标幺值由 1 降到 0.7 时，逆变器发出无功功率，将电网电压标幺值抬高到 0.76，一定程度上抑制了电网电压的下降，由图 4-21 可知当电网电压标幺值由 1 升到 1.2 时，光伏逆变器采取电压适应措施，功率基本保持不变。

4.2.3.4　控制硬件在环仿真试验与现场实测结果对比验证

搭建双馈风电机组与光伏逆变器 CHIL 仿真平台，进行双馈风电机组低电压穿越、高电压穿越与光伏逆变器低电压穿越工况试验，记录、分析并网点电网电压 U、有功功率 P、无功功率 Q 电磁暂态响应曲线，各参数单位均为标幺值。同时将仿真结果与现场实测结果进行对比校核，通过调整仿真模型与修正双馈风电机组变流器、光伏逆变器控制器参数，两者可

以达到较高的一致性。图 4-22 为双馈风电机组低电压穿越 CHIL 仿真与现场

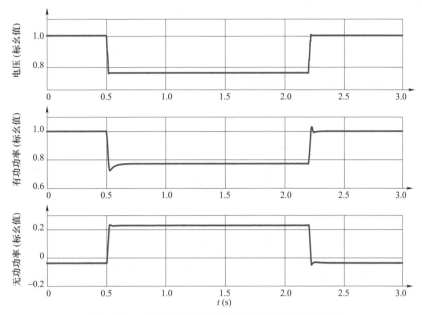

图 4-20　光伏逆变器 CHIL 低电压穿越试验波形

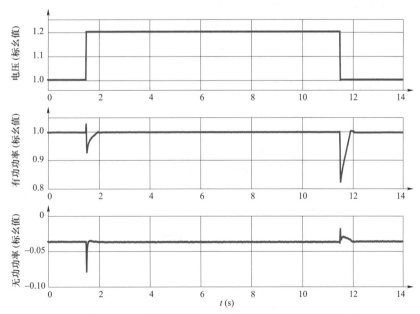

图 4-21　光伏逆变器 CHIL 高电压穿越试验波形

实测结果对比，图4-23为双馈风电机组高电压穿越CHIL仿真与现场实测结果对比，图4-24为光伏逆变器低电压穿越CHIL仿真与现场实测结果对比。

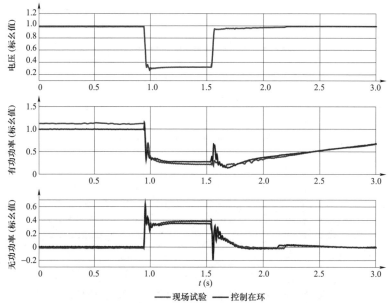

图4-22 双馈风电机组低电压穿越CHIL仿真与现场实测结果对比

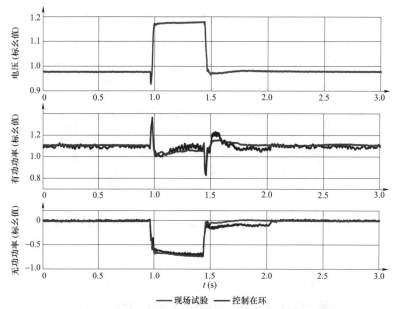

图4-23 双馈风电机组高电压穿越CHIL仿真与现场实测结果对比

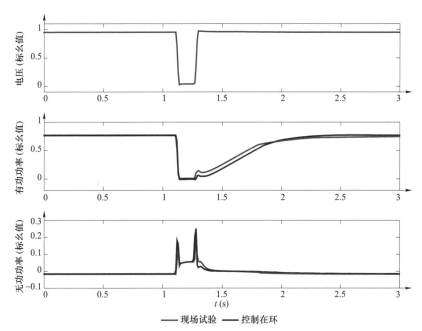

图 4 - 24　光伏逆变器低电压穿越 CHIL 仿真与现场实测结果对比

由图 4 - 22 可知当电网电压标幺值由 1 降到 0.2 时，风电机组发出无功功率，将电网电压标幺值抬高到 0.3，一定程度上抑制了电网电压的下降。由图 4 - 23 可知当电网电压标幺值由 1 升到 1.2 时，风电机组吸收无功功率，将电网电压标幺值拉低到 1.18，一定程度上抑制了电网电压的上升。由图 4 - 24 可知当电网电压标幺值由 1 降到 0 时，光伏逆变器发出无功功率，并保持不脱网直至电压回升。CHIL 仿真实验与现场实测结果可以达到高度一致。

分布式新能源发电单元 CHIL 仿真实验结果与实测结果的高度一致，表明 CHIL 仿真平台可以在实验室仿真环境下完成对控制器的测试，并可开展电网多种工况的测试和分析。CHIL 电磁暂态实时仿真技术充分利用计算机建模的便捷性和灵活性，对分布式新能源发电及并网特性进行测试，对控制器开发和控制策略优化具有重要意义。

4.3 功率硬件在环仿真技术

4.3.1 仿真原理

硬件在环（HIL）仿真通过数模转换接口实现数字模拟系统和硬件系统间的信号交换，数模转换接口交换的功率较低，仅局限于信号水平（通常电压绝对值小于 15V，电流为毫安级）。分布式新能源发电的功率水平相对较高，信号等级的功率放大不再适用。为了提高传递信号的功率水平，HIL 仿真平台加入功率放大环节，增加了功率接口，形成功率硬件在环（PHIL）仿真平台。在分布式新能源发电 PHIL 仿真平台中，仿真器主要是建立输配电线路、变压器和负荷等电网的数字模型，风电、光伏等分布式新能源的功率器件和控制装置采用实物模型，功率接口装置实现实时仿真器和实物装置的连接功能。

如图 4-25 所示，PHIL 仿真平台主要由 3 个部分组成：实际设备（包括控制器和控制对象）、实时仿真器、连接实际设备与仿真器的功率接口装置。

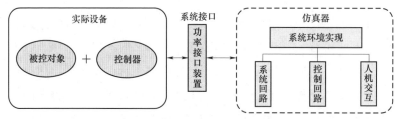

图 4-25　PHIL 仿真平台原理图

（1）实际设备。在分布式新能源发电系统的 PHIL 仿真平台中，实际设备一般包括功率器件（如太阳能电池板、逆变器、变流器等）及其对应的控制器，实际设备的输出信号经传感器测量后，通过 A/D 转换为数字信号反馈给仿真器，同时实际设备的控制器接收仿真器通过 D/A 转换和功率放大装置传递过来的信号，按照控制策略完成规定动作。

（2）实时仿真器。PHIL 仿真平台在实时数字仿真器中搭建电网模型，可实现电网各种运行工况模拟，对功率器件和控制器性能进行全方位测试和试验验证。通过仿真器模型读取实际设备的测量值，实时解算得到仿真器的数字信号，通过 D/A 转换和功率接口装置输出到实际设备，形成闭环仿真系统。

（3）功率接口装置。功率接口装置连接 PHIL 仿真平台的实时仿真器和实际设备，对 PHIL 仿真平台的稳定运行起到至关重要的作用。功率接口可采取不同的功率放大方式，选择不同的反馈信号和控制信号，构成不同的接口算法。设计合理的接口算法，可实现指令信号安全、高效率、高保真（或失真在范围内）地输出，保证仿真系统的稳定性和准确性。

由上述原理可知，PHIL 仿真技术在产品的设计、测试和应用方面都提供了极大的帮助，常规离线仿真无法比拟。

（1）PHIL 仿真平台增加了功率放大环节，由功率变换器件、互感器等物理装置构成接口设备，可以提供功率的传输路径，其功率接口能够实现高功率水平的信号传递，仿真模型的运行特性贴近工程实际，具有更高的可信度。

（2）PHIL 仿真平台利用其半实物仿真特点，将功率单元作为实际设备接入闭环系统中，解决了功率单元建模难、精度低的问题，同时可检验构成实际系统的功率器件和控制器的性能指标，对功率器件进行参数整定，对控制器的控制策略进行优化。

（3）PHIL 仿真平台能够模拟极端的电力系统仿真环境，对实际测试设备进行反复深入的研究，对控制系统进行相对完整的模拟实验和性能测试，最大限度地减少了试验成本与试验风险。

4.3.2　平台设计案例

分布式新能源接入电网的差异性，各种新能源控制的复杂性，给现有的电力系统带来了一些新问题，PHIL 仿真作为控制硬件在环仿真的延伸，将新能源发电单元作为实际设备接入仿真平台，解决了许多新能源发电单元数学建模不准确的问题，从而获得越来越多的应用。

本节搭建了分布式新能源发电系统的 PHIL 仿真平台，方案如图 4−26所示，由 RT−LAB 实时仿真器、功率接口装置、新能源发电单元三部分组成。以下通过分析光伏逆变器性能来验证 PHIL 仿真平台的可行性。

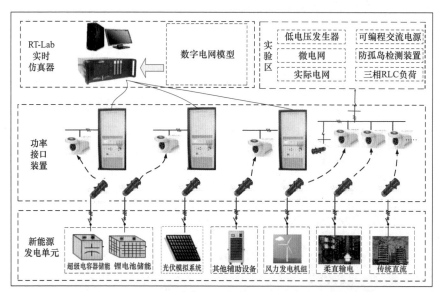

图 4-26　分布式新能源 PHIL 数模混合仿真平台方案示意图

（1）RT-LAB 实时仿真器。RT-LAB 实时仿真器负责运行电网环境模型，同时搭载计算机，完成模型的搭建以及上位机操作。在 RT-LAB 仿真系统中可以模拟、设置各种电网工况，测试发电单元及其控制器运行特性。

（2）功率接口装置。功率放大器是功率接口装置主要构成器件，通过公共三相电网供电，连接新能源发电单元和 RT-LAB 仿真器，可将仿真器低功率水平信号（如 15V 低电压信号）和发电单元高功率水平信号（如 380V 的高电压信号）进行转换，从而构成完整的闭环仿真系统。

（3）新能源发电单元。新能源发电单元作为 PHIL 仿真平台的实际设备，可以根据试验需求接入多种发电单元，如储能设备、风电机组、光伏发电单元及其他辅助设备等。

4.3.3　案例分析

下面通过分析光伏逆变器性能来验证 PHIL 仿真平台的可行性。在上述 PHIL 仿真平台，接入 30kW 光伏逆变器，通过模拟配电网的多种工况，完成光伏逆变器并网运行特性测试。

根据《分布式电源并网技术要求》（GB/T 33593—2017）7.2 中要求，通过 10（6）kV 电压等级直接接入公共电网，以及通过 35kV 电压等级并网的分布式电源，应具备一定的低电压穿越能力：当并网点考核电压在图 4—27 中电压轮廓线及以上的区域内，分布式电源应不脱网连续运行；否则，允许分布式电源切出。

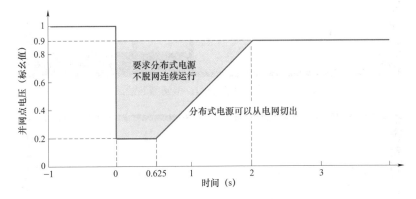

图 4—27　分布式电源低电压穿越要求

为验证光伏逆变器的低电压穿越性能，在电网中模拟单相、相间及三相短路故障，相关试验曲线如图 4—28～图 4—31 所示。

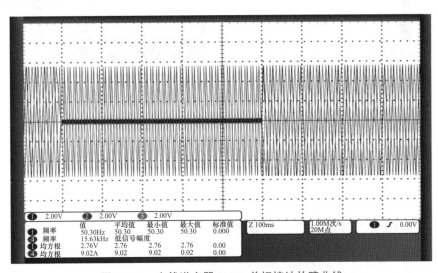

图 4—28　光伏逆变器 PHIL 单相接地故障曲线

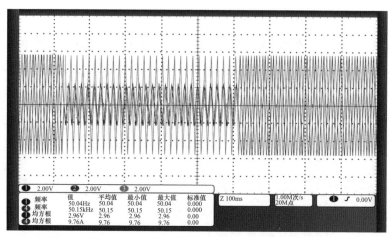

图 4-29　光伏逆变器 PHIL 相间短路故障曲线

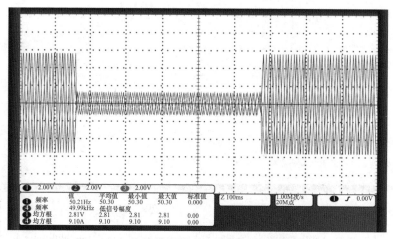

图 4-30　光伏逆变器 PHIL 三相短路故障曲线

图 4-28 所示为单相接地故障，单相电压幅值跌落到 0 的三相电网电压实验波形图，图 4-29 所示为两相短路故障，故障相电压幅值跌落 0.5（标幺值）的三相电网电压实验波形图，图 4-30 所示为三相短路故障，三相电压幅值跌落至 0.2（标幺值）的三相电网电压实验波形图。由图可知，依托三相线性功率放大器搭建的功率硬件在环仿真平台，通过数字仿真模拟各类电网故障，可灵活控制功率放大器交流端口的电压特性，在线模拟电网故障特性，满足光伏逆变器并网的 PHIL 仿真需求，灵活验证光伏逆变器各类电网适应性控制策略的有效性。

光伏并网逆变器低电压穿越过程分为故障初始时段、故障穿越过程、故障清除时段，逆变器根据不同时段电网电压特性的不同，其控制策略及动态响应存在一定差别。图4-31中（a）、（b）、（c）分图分别是光伏逆变器低电压穿越（电压标幺值跌落至0.8）三个时段的电压和电流 I 波形图。

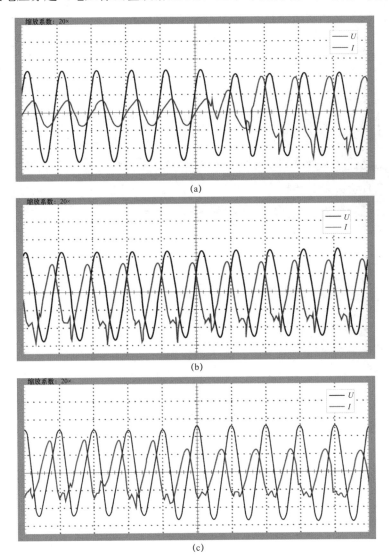

图4-31　光伏逆变器 PHIL 低电压穿越各阶段

（a）逆变器低电压穿越起始时刻；（b）逆变器低电压穿越过程中；（c）逆变器低电压穿越恢复

故障前并网逆变器按照最大功率跟踪控制有功功率，按照稳态无功控制模式控制无功功率，进而实现光伏并网逆变器稳定的并网电流控制，且功率因数滞后，即从电网吸收无功功率；由图 4-31（a）可知，故障发生后，并网逆变器检测到并网点电压跌落，进入低电压穿越紧急无功控制模式，向电网注入无功功率，且动态响应时间在 20ms 左右。由图 4-31（b）可知，故障穿越过程中，并网逆变器按照技术规定无功功率控制目标，向电网注入无功功率，并网电流达到故障前稳态电流近 2 倍，实现并网点电压支撑。由图 4-31（c）可知，电网故障清除后，并网逆变器检测到并网点电压恢复正常，切换控制模式，实现有功功率的最大功率跟踪控制，无功功率的稳态控制模式大致经过 2~3s，系统达到稳定运行状态。

由光伏并网逆变器低电压穿越的实验结果可知，分布式新能源 PHIL 数模混合仿真平台在稳定性、精确性、便捷性上均可满足仿真需求，依托该平台可验证光伏逆变器各类控制策略的有效性。

第 5 章

运 行 控 制 技 术

　　分布式新能源一般只是被动地适应电网，不向电网提供电压和频率支撑。随着分布式新能源在配电网中渗透率（装机容量/最大负荷）的逐渐增大，其对配电网的影响愈加显著，分布式新能源需要发挥更主动的角色，参与配电网电压和频率的调节，这样一方面可以提升配电网运行可靠性和电能质量，另一方面也可以提升配电网接纳分布式新能源的能力，更好地促进分布式新能源的发展。

　　本章介绍分布式新能源的运行控制技术，其中电压源型虚拟同步控制技术和能量优化管理技术也适用于含分布式新能源的微电网。

5.1 分布式新能源无功电压控制技术

　　第 2 章详细分析了分布式新能源接入对配电网的影响，在分析过程中是按恒功率因数 1.0 考虑，忽略了无功功率的影响。但在电网实际运行中，可以通过调整无功功率对电网电压进行调节。本节分析了分布式新能源无功功率控制对电网的影响，并介绍了分布式新能源无功电压控制方法。

5.1.1 分布式新能源无功控制对电网的影响

5.1.1.1 对电网电压的影响

　　分布式新能源接入电网等效电路图如图 5-1 所示，其中 U 为电网电压，U_{DRE} 为分布式新能源并网点电压，R、X 为线路电阻、电抗。

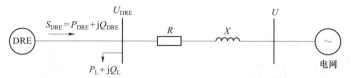

图 5-1　分布式新能源接入电网等效电路图

设定电网电压 U 为参考量，分布式新能源接入电网后，可得

$$U_{DRE} = U + \frac{(P_{DRE} - P_L)R + (Q_{DRE} - Q_L)X}{U} + j\frac{(P_{DRE} - P_L)X - (Q_{DRE} - Q_L)R}{U}$$

$$(5-1)$$

式中　P_{DRE}、Q_{DRE}——分布式新能源向电网注入的有功、无功功率；

　　　　P_L、Q_L——本地负载消耗的有功、无功功率。

式（5-1）分别对有功和无功求偏导，可得

$$\frac{\partial U_{DRE}}{\partial P_{DRE}} = \frac{R}{U} + j\frac{X}{U}$$

$$(5-2)$$

$$\frac{\partial U_{DRE}}{\partial Q_{DRE}} = \frac{X}{U} - j\frac{R}{U}$$

$$(5-3)$$

由式（5-2）和式（5-3）可见，分布式新能源并网引起的电压偏差，与其有功、无功出力及线路电阻、电抗均相关。由于配电网线路的电阻与电抗值往往基本相当，通过控制分布式新能源输出的有功功率和无功功率，均可以达到调节并网点电压的效果。但实际运行中为了保障分布式新能源的发电效率，多采用控制分布式新能源无功功率的方式来参与电网电压调节。

5.1.1.2　对用户功率因数的影响

分布式新能源通常接入用户配电变压器低压侧母线，正常运行时工作于单位功率因数模式下，只发出有功功率，抵消了用户部分有功负荷，会造成用户功率因数降低。

分布式新能源接入前

$$\begin{cases} P = P_L + \Delta P_T + \Delta P_C \\ Q = Q_L + \Delta Q_T - Q_C \\ \cos\varphi = P / \sqrt{P^2 + Q^2} \end{cases}$$

$$(5-4)$$

式中　P_{L}、Q_{L}——负荷有功功率和无功功率；

ΔP_{T}、ΔQ_{T}——配电变压器有功损耗和无功损耗；

ΔP_{C}——电容器组的有功损耗；

Q_{C}——电容器组发出的感性无功功率；

P、Q——新能源接入前用户进线处有功功率和无功功率。

分布式新能源接入后，因为配电变压器有功损耗和无功损耗变化不大，假设二者均不变，则有

$$\begin{cases} P' = P_{\mathrm{L}} + \Delta P_{\mathrm{T}} + \Delta P_{\mathrm{C}} - P_{\mathrm{DRE}} \\ Q' = Q_{\mathrm{L}} + \Delta Q_{\mathrm{T}} - Q_{\mathrm{C}} - Q_{\mathrm{DRE}} \\ \cos\varphi' = P' / \sqrt{P'^2 + Q'^2} \end{cases} \quad (5-5)$$

式中　P_{DRE}、Q_{DRE}——分布式新能源发出的有功功率和无功功率；

P'、Q'——分布式新能源接入后用户进线有功功率和无功功率。

图 5-2 是分布式新能源接入用户电网典型拓扑图，并网点为 A1，用户配电变压器低压侧普遍装有静止无功补偿装置（static var compensator，SVC）或自动投切电容器组以控制配电变压器低压侧（A2 处）功率因数，为满足用户功率因数考核，考核点一般为高压侧进线处，即 A3 处。

如果用户无功补偿容量充足，可维持 A3 点功率因数在正常范围内。但是分布式新能源输出有功功率变化

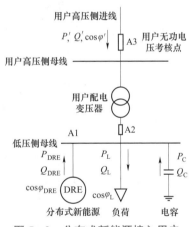

图 5-2　分布式新能源接入用户
电网分析典型拓扑图

频繁，如果用户采用的无功补偿装置是分组投切式电容器，会导致无功补偿装置频繁投切，影响无功补偿装置寿命。如果用户无功补偿容量不足，将导致用户功率因数不满足电网考核要求。

对比式（5-4）和式（5-5）可知，当 $Q_{\mathrm{DRE}} = 0$ 时，有 $\cos\varphi' < \cos\varphi$，即分布式新能源的接入，会造成用户功率因数降低。

由式（5-5）可知，调节分布式新能源发出的无功功率 Q_{DRE}，可以改

变用户功率因数。当用户为感性无功负荷时，分布式新能源发出感性无功功率，可以改善用户功率因数。

5.1.2 分布式新能源无功电压控制方法

按照相关标准规定，分布式新能源无功控制能力应不小于超前 0.95～滞后 0.95，即在有功功率满发（$P = P_N$）情况下，可以吸收或发出 $0.33P_N$ 无功功率。发挥分布式新能源无功电压控制能力常用的控制策略有以下四种：恒无功功率 Q 控制、恒功率因数 $\cos\varphi$ 控制、基于有功输出 P 的 $\cos\varphi - P$ 控制、基于并网点电压幅值 U 的 $Q - U$ 控制策略。

5.1.2.1 恒无功功率 Q 控制

分布式新能源按照恒定无功功率出力 Q 运行。该方法控制策略简单，但由于无功出力 Q 固定不变，无法降低由于有功出力变化引起的电压波动，需要与上层无功电压监控系统配合使用，通过上层控制系统监测并网点电压及分布式新能源出力情况，动态调整分布式新能源无功出力设定值，达到无功电压控制目标。

5.1.2.2 恒功率因数 $\cos\varphi$ 控制

设定分布式新能源无功参考值正比于其有功出力且比值为恒值 E。

$$Q / P = E \tag{5-6}$$

$$\varphi = \arctan E \tag{5-7}$$

通过合理设置 $\cos\varphi$ 定值，使分布式新能源无功出力跟随有功出力变化，设定于超前功率因数可以改善用户功率因数，设定于滞后功率因数可用于降低过高的并网点电压，但两个目标无法同时改善，且存在优化一个目标必然恶化另一个目标的情况。

5.1.2.3 基于有功输出 P 的 $\cos\varphi - P$ 控制

根据分布式新能源有功出力的大小，将功率因数值由 C_1 变为 C_2，其分段函数一般性表达式为

$$\cos\varphi = \begin{cases} C_1 & P < P_1 \\ \dfrac{C_1 - C_2}{P_1 - P_2}(P - P_1) + C_1 & P_1 \leqslant P \leqslant P_2 \\ C_2 & P > P_2 \end{cases} \tag{5-8}$$

基于有功输出的 $\cos\varphi-P$ 控制曲线如图 5-3 所示。通过合理设置 $\cos\varphi$ 及拐点 (P_1,C_1)、(P_2,C_2)，可以有效改善恒 $\cos\varphi$ 控制方式带来的功率因数和电压升高两个目标相互矛盾的问题。

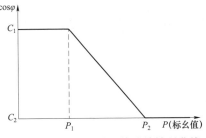

图 5-3　$\cos\varphi-P$ 控制策略的控制曲线

5.1.2.4　基于并网点电压幅值 U 的 $Q-U$ 控制

分布式新能源采集并网点电压，根据电压确定无功参考值，其分段函数一般性表达式为

$$Q=\begin{cases}Q_{\max} & U<U_1 \\[2mm] \dfrac{Q_{\max}}{U_1-U_2}(U-U_1)+Q_{\max} & U_1\leqslant U<U_2 \\[2mm] 0 & U_2\leqslant U\leqslant U_3 \\[2mm] \dfrac{Q_{\max}}{U_3-U_4}(U-U_3) & U_3<U\leqslant U_4 \\[2mm] -Q_{\max} & U>U_4 \end{cases}\qquad(5-9)$$

基于并网点电压的 $Q-U$ 控制策略的控制曲线如图 5-4 所示。使用该控制策略时，分布式新能源无功功率调节与其有功出力状态无直接关系，主要用于改善分布式新能源并网点电压。

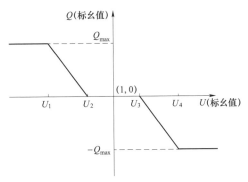

图 5-4　$Q-U$ 控制策略的控制曲线

5.2 分布式新能源与无功补偿装置协调控制方法

大型工商业用户往往配置了无功补偿装置，主要包括自动投切电容器、静止无功补偿装置或静止无功发生器（static var generator，SVG）。接入用户侧的分布式新能源，需要根据用户原有无功补偿装置的特点，制定不同的协调控制策略。

5.2.1 分布式新能源和电容器组协调控制方法

自动投切电容器主要通过监测用户并网点电压或功率因数，自动投退电容器组，实现并网点电压或功率因数的控制，其优点是结构简单、造价便宜，缺点是分组投退存在电压波动，且分布式新能源接入后，由于其有功出力的频繁波动，会显著增加电容器组投切次数，影响电容器组使用寿命。

下面介绍一种基于功率预测的分布式新能源与电容器组的协调控制方法，以降低用户电容器组投切次数。

该方法的基本策略为：基于分布式新能源发电功率预测和负荷预测，计算出满足用户进线处功率因数要求的无功功率需求曲线，曲线中容量需求大但波动较小的部分，由电容器组承担，按照计划投运和退出，其余波动性较大的无功功率缺额由分布式新能源承担。

基于功率预测的分布式新能源无功协调控制，包括上层协调控制和就地控制两部分，流程如图 5-5 所示。上层协调控制进行分布式新能源发电功率预测、用户负荷预测，计算分布式新能源无功出力能力曲线，计算满足进线处功率因数要求的无功功率需求曲线，并将无功功率需求曲线分配给电容器组和分布式新能源。就地协调控制接受上层协调控制实时下达的分布式新能源无功出力指令，根据当前各分布式新能源实发有功值和交流侧电压值适当修改无功出力指令，并实时下发给各分布式新能源。

具体实现过程为：

（1）获取用户进线处功率因数考核要求，预测第二天分布式新能源有功出力和负荷，计算第二天无功功率需求曲线。

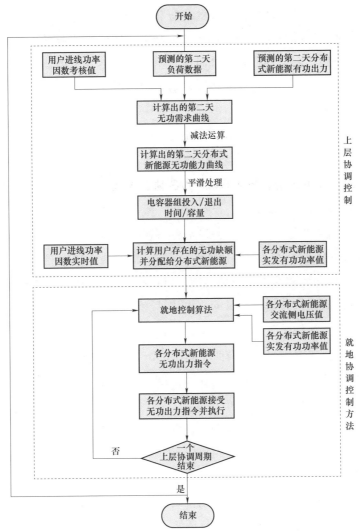

图 5-5　基于功率预测的分布式新能源和电容器组无功协调控制流程

（2）根据分布式新能源无功特性，计算第二天分布式新能源无功出力能力曲线。

（3）将无功需求曲线平滑处理得到电容器组动作曲线，确定电容器组投入和退出的时间及容量。

（4）第二天电容器组按照前一天确定好的投入和退出时间/容量运行，上层协调控制子系统实时监测用户进线处功率因数，计算出存在的无功功率缺额，并将无功功率缺额分配给各分布式新能源承担。

（5）就地控制实时接受上层协调控制下达的分布式新能源无功出力指令，依据就地控制策略计算出实时无功出力指令；就地控制需要兼顾分布式新能源无功出力上下限、允许电压偏差等情况，将上层指令分解后发给分布式新能源执行。

（6）当一个上层协调控制周期未结束时，返回执行步骤（5）～（6）；当一个上层协调控制周期结束时，返回执行步骤（1）～（6）。

5.2.2 分布式新能源和 SVC/SVG 协调控制方法

SVC/SVG 响应速度快、控制灵活，但是价格相对较高。电网中安装 SVC/SVG 的主要目的是为了提高电网中动态无功补偿的能力。为此，分布式新能源与 SVC/SVG 协调的目标，主要是降低 SVC/SVG 的负载率，保障 SVC/SVG 留有足够的无功容量备用，以提升其动态无功响应能力。

该方法的技术方案为：并网点电压波动等因素引发无功功率需求时，首先调整无功补偿装置 SVC/SVG 的容量，快速进行无功补偿；然后检测无功补偿装置 SVC/SVG 的当前无功负荷，并以此负荷近 0 为目标值，将该无功目标值分配给各分布式新能源，以降低无功补偿装置 SVC/SVG 的无功负荷。控制流程如图 5-6 所示。

（1）无功控制系统获取控制目标值，该目标值可以是并网点电压或系统功率因数控制所需目标值，也可以是外部输入的目标值。

（2）基于控制目标值与当前实际值的差值，根据死区条件 1 判断是否进行无功调节。死区条件 1 是判断控制目标差值是否大于设置的范围，如大于则将控制目标值作为调节目标值，否则转入（3）。

（3）实时获取无功补偿装置 SVC/SVG 的无功功率，根据设定的死区条件 2 判断当前的无功补偿装置 SVC/SVG 的无功值是否可以作为本地目标值。死区条件 2 是判断无功补偿装置 SVC/SVG 的实时无功值是否大于某一设定值，若大于则将无功补偿装置 SVC/SVG 的实发无功值作为本地调节目标值，否则继续执行（3）。

（4）确定调度下发控制目标值或本地调节目标值作为无功控制系统的调节目标值后，进行调节目标设备优先级的判断，若控制目标值作为调节目标值，则调节目标设备包含无功补偿装置 SVC/SVG 和逆变器。其中，无功补偿装置 SVC/SVG 的调节优先级较高；若本地目标值作为调节目标值，则调节目标设备只包含分布式新能源。

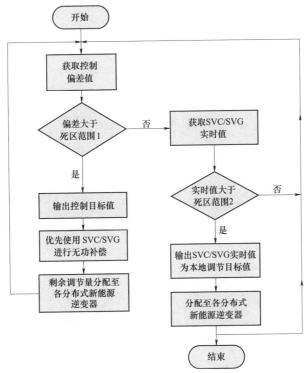

图 5-6　分布式新能源和 SVC/SVG 的协调控制流程图

5.3　分布式新能源无功电压控制系统

分布式新能源发电系统往往包含多个分布式新能源发电装置，为了实现无功电压控制性能的整体优化，各新能源发电装置之间以及新能源发电装置与用户原有无功补偿装置之间，需要无功电压控制系统进行统一的协调控制。

5.3.1　控制系统技术架构

分布式新能源发电常规监控系统往往只具备运行信息监视功能，并不具备无功电压控制功能。为了更好地与常规监控系统兼容，这里提出一种附加式无功电压控制系统方法，即在原有监控系统上，增加系列就地控制器及上层无功电压控制系统，实现整体无功电压控制功能，整体架构如图 5-7 所示。就地控制器的具体功能见 5.3.2 节。如果监控系统能够兼容实现常规监视与控制功能，可将两套系统合并，也可无需安装就地控制器。

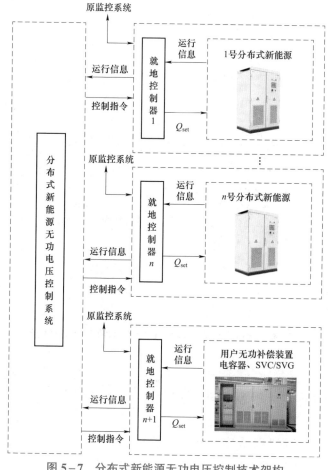

图 5-7　分布式新能源无功电压控制技术架构

分布式新能源监控系统/无功电压控制系统，可通过电力光纤、有线公网或无线公网方式接入电网公司（采取后面两种方式时，必须经过专用信息加密装置），电网公司将分布式新能源无功电压调节方式、参考电压、电压调差率等参数下发给分布式新能源无功电压控制系统。基于公网通信的分布式新能源无功电压控制调度通信方案如图5-8所示。

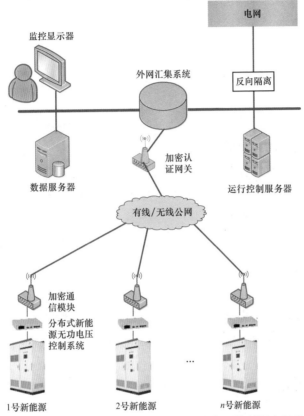

图5-8 基于公网通信的分布式新能源无功电压控制调度通信方案

5.3.2 控制系统主要功能

无功电压控制系统分为上层控制和就地控制两层，主要功能如下所述。

5.3.2.1 上层控制

上层控制指根据电网调度指令和分布式新能源测量信息，调节分布式新能源发电装置和用户无功补偿设备无功出力，实现整个分布式新能源发电系统及用户的无功或电压控制。其主要控制功能如下：

（1）根据电网调度要求，实现分布式新能源的无功/电压控制。

（2）根据现场需求，可灵活选择电压控制模式、无功控制模式和功率因数控制模式以及电压无功综合控制模式。

（3）全面协调各分布式新能源发电装置自身无功出力和用户的电容器组、SVC/SVG 等无功补偿装置，并优先使用新能源发电装置自身的无功容量进行补偿控制，不足后再使用无功补偿装置。

5.3.2.2 就地控制

就地控制通过就地控制器实现。就地控制器通过通信接口与分布式新能源连接，主要功能是采集分布式新能源有功、无功、电压等运行信息，并将数据上传给原监控系统和无功电压控制系统，并接受无功电压控制系统下发的无功控制指令信息。

就地控制器对于原监控系统，相当于透传功能，其不改变原有分布式新能源的通信协议，直接转发给原监控系统，避免了新增的无功电压控制系统对原监控系统的影响。

就地控制器具备算法编程功能，接受无功电压控制系统下发的控制指令，并根据就地采集的有功、无功、电压等信息，依照预先设置的控制策略，控制各分布式新能源输出的无功功率。

就地控制器可设置指令优先级别，当分布式新能源无功电压系统控制指令和原监控系统控制指令冲突时，按预先设定优先级别执行，避免控制指令的冲突。

5.3.3 案例介绍

5.3.3.1 示范工程简介

某公司分布式光伏发电装机容量为 2000kW，以 10kV 电压并网，设置 1 个并网点，采用自发自用、余电上网方式。分布式光伏发电工程电网一次接线图如图 5-9 所示，选用 500kW 逆变器 2 台，250kW 逆变器 2 台，100kW 逆变器 5 台；750kVA 升压变压器 2 台，500kVA 升压变压器 1 台。其中 5 台 100kV 逆变器为光伏与储能共直流母线方式。

该工程有配电变压器 7 台，容量为 3 台 1600kVA 和 4 台 1000kVA。厂区为 24 小时工作制，全天负荷平稳，全年负荷在 3000～5000kW 之间。在 7 台配电变压器 380V 侧安装有自动投切电容器组，补偿配电变压器 380V 侧功率因数。

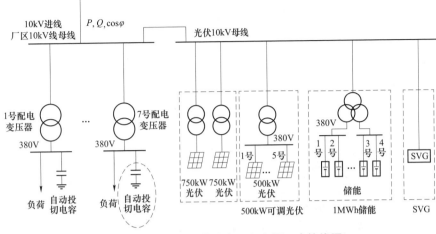

图 5－9 分布式光伏发电工程电网一次接线图

该工程安装 1 台 SVG，容量为 500kvar，接入光伏 10kV 母线。安装 1.2MW/1MWh 铅酸/铅碳储能系统，共分为 4 组，每组容量 300kW/250kWh，每组蓄电池通过 3 台并联运行的 100kVA 双向变流器（PCS）接入电网，共计 12 台储能变流器。

5.3.3.2 控制策略

（1）控制对象：① 5 台 100kW 光伏逆变器；② SVG（运行在定无功模式，按照上层无功电压控制系统的无功控制指令发出无功功率）；③ 1.2MW/1MWh 储能。

（2）控制目标：工程的 10kV 进线处功率因数合格。

（3）控制原则（约束条件）：储能变流器无功控制能力与光伏逆变器基本相当，为试验不同类型电源之间的无功协同控制功能，将无功控制优先级设置为 5 台 100kW 光伏逆变器、SVG、储能变流器。具体原则为：

1）白天优先采用 5×100kW 可控光伏调节无功，当光伏无功容量不够时采用 SVG 调节，最后使用储能变流器调节无功功率。

2）夜晚光伏停机，优先采用 SVG 调节无功功率，SVG 无功容量不够时采用储能变流器调节无功功率。

（4）控制模式。调节用户进线处功率因数的方法流程如图 5－10 所示，控制模式为：

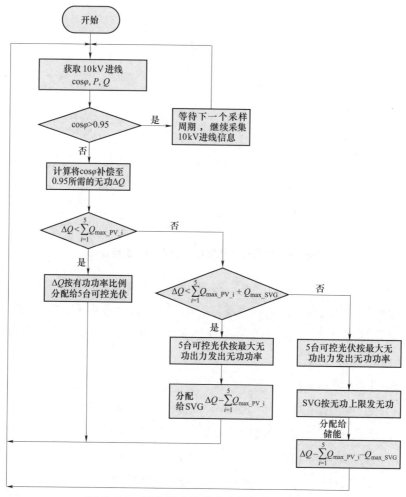

图 5-10　调节用户进线功率因数方法流程图

1）采集 10kV 进线处功率因数 $\cos\varphi$，有功功率 P，无功功率 Q。

2）如果 $\cos\varphi \geq 0.95$，则不进行处理，等待下个采样周期继续采集 10kV 进线处功率因数 $\cos\varphi$、P、Q 等信息。

3）如果 $\cos\varphi < 0.95$，计算将 $\cos\varphi$ 补偿至 0.95 所需要的无功功率值，计算公式为

$$\Delta Q = Q_{0.95} - Q_{\cos\varphi} = \sqrt{1 - 0.95^2} \times P / 0.95 - \sqrt{1 - \cos\varphi^2} \times P / \cos\varphi \qquad (5-10)$$

4）如果 ΔQ 小于 5×100kW 光伏逆变器总无功实时上限，则将 ΔQ 按

比例分配给 5 台 100kW 光伏逆变器（按照 5 台 100kW 光伏逆变器实时 P 等比例分配）。

5）如果 ΔQ 大于 5×100kW 光伏逆变器总无功上限，同时小于 5 台 100kW 光伏逆变器总无功实时上限与 SVG 无功上限之和，则 5 台 100kW 光伏逆变器按无功上限发出无功功率，ΔQ 剩余部分由 SVG 承担。

6）如果 ΔQ 大于 5×100kW 光伏逆变器总无功实时上限与 SVG 无功上限之和，则 5×100kW 光伏逆变器按无功上限发出无功功率，SVG 按上限发出无功功率，ΔQ 剩余部分由储能变流器承担。

5.3.3.3 现场试验

在该示范工程进行了无功电压控制现场试验，试验目标是通过光伏逆变器、SVG、储能变流器参与无功控制，将工程 10kV 进线处功率因数控制在 0.95 以上。示范工程无功电压控制系统界面如图 5－11 所示。

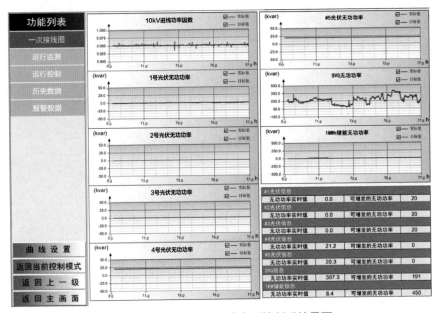

图 5－11 示范工程无功电压控制系统界面

试验时，首先设定 10kV 进线处功率因数目标值为滞后 0.95，运行 4h 后将功率因数目标值修改为滞后 0.98，监测光伏、SVG、储能变流器输出无功功率的变化，如图 5－12 所示。将功率因数目标值设定为滞后 0.95 以

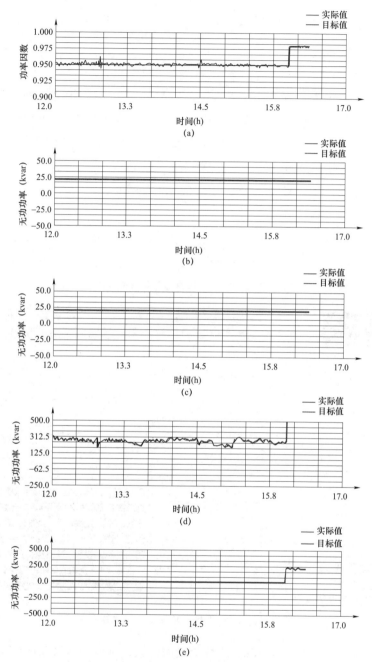

图 5-12　控制 10kV 进线处功率因数试验结果

（a）10kV 进线处功率因数；（b）4 号光伏无功功率；（c）5 号光伏无功功率；

（d）SVG 无功功率；（e）1.2MW/1MWh 储能无功功率

后，4、5 号光伏逆变器无功满发，均为 22kvar，SVG 输出无功功率在 300kvar 左右波动，以平抑负荷波动引起的功率因数变化，储能输出无功功率为 0。将功率因数目标值修改为 0.98 后，4、5 号光伏逆变器无功满发，均为 22kvar，SVG 输出无功功率达到 500kvar 的满发状态，储能的无功功率从 0 增加到 210kvar 左右波动，以平抑负荷波动引起的功率因数变化。

试验结果显示，通过光伏逆变器、SVG、储能的协调无功控制，能够将工程 10kV 进线处功率因数快速、稳定调节至目标值。

5.4 频率主动支撑控制技术

分布式新能源发电一般运行于最大功率跟踪状态，即通过控制算法跟随风能和太阳能等资源波动情况获取最大可能的有功功率，不会响应电网频率的变化。德国由于分布式电源装机容量较大，已经在并网标准中提出了分布式电源（包含分布式新能源）需要随着电网频率升高自动降低有功功率的技术要求。随着我国分布式新能源装机容量的逐渐增大，分布式新能源具备频率主动支撑能力，将是提高电网稳定不可或缺的一项技术要求。本节介绍分布式新能源的频率主动支撑控制技术，该技术在微电网中也具有适用性。

分布式新能源频率主动支撑控制，主要包含一次调频和惯量响应功能，一般不包括自动发电控制功能。

自动发电控制（automatic generation control，AGC）是根据电网调度指令/运行曲线和各测量信息，动态调节各电源有功出力，实现电源并网点有功控制，用以满足并网有功控制要求的控制系统。该系统需要纳入电网调度统一控制，目前并不适合于分布式新能源发电，在有特殊需要时，可与 5.3 节无功电压控制系统进行兼容设计，底层就地控制器等可以共用，只需增加上层有功功率控制功能即可。

一次调频功能是根据并网点频率测量信息，快速调节分布式新能源有功出力，实现有功—频率下垂响应的控制功能。

惯量响应是模拟同步发电机，使分布式新能源可以实现对频率变化率响应的控制功能。

5.4.1　一次调频功能

分布式新能源利用相应的有功功率控制系统，或加装独立控制装置，可实现有功—频率下垂特性控制，使其具备参与电网频率快速调整能力。

分布式新能源的有功—频率下垂特性曲线通过设定频率与有功频率响应函数实现，即

$$P = \begin{cases} P_0 + 10\% P_N & f < f_{\min} \\ P_0 - P_N \times \dfrac{f - f_{-d}}{f_N} \times \dfrac{1}{\delta\%} & f_{\min} \leqslant f < f_{-d} \\ P_0 & f_{-d} \leqslant f \leqslant f_{+d} \\ P_0 - P_N \times \dfrac{f - f_{+d}}{f_N} \times \dfrac{1}{\delta\%} & f_{+d} < f \leqslant f_{\max} \\ P_0 - 10\% P_N & f > f_{\max} \end{cases} \quad （5-11）$$

式中　　$[f_{-d}, f_{+d}]$——频率响应死区；

$\quad\quad[f_{\min}, f_{\max}]$——频率响应可调范围；

$\quad\quad f_N$——系统额定频率；

$\quad\quad P_N$——分布式新能源额定功率；

$\quad\quad \delta\%$——频率响应调差率；

$\quad\quad P_0$——有功功率初值。

分布式新能源频率响应有功—频率下垂特性示意图如图 5-13 所示。

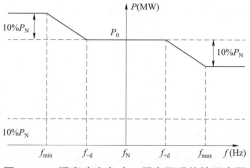

图 5-13　频率响应有功—频率下垂特性示意图

在进行频率响应时，分布式新能源一般按照额定出力的10%限幅范围内进行调整，且不能因频率响应导致分布式新能源脱网或停机。在电网频率高于额定频率情况下，分布式新能源有功功率降低额定出力的10%时可不再往下调节；在电网频率低于额定频率情况下，分布式新能源根据实时运行工况参与电网频率响应，不提前预留有功备用。

安装一次调频控制系统后，当分布式新能源出力大于10%时，可具备电网频率升高时降低有功功率的一次调频能力。但分布式新能源一般运行于最大功率跟踪点，电网频率降低时，不具备增加有功功率的能力。只有当分布式新能源存在有功功率备用，或者安装有额外的储能装置时，才具备双向有功—频率调节能力。

5.4.2　惯量响应

不同种类的分布式新能源，其惯量响应特性存在较大差异。基于普通异步机的恒速风电机组的转子转速与系统频率的耦合作用较强，当电力系统的频率变化时，能够提供惯量响应；而目前常用的变速双馈和全功率变频风电机组，由于其转速与电网频率完全解耦控制，在电网频率发生变化时无法对电网提供频率响应，因此在电网频率改变时，其固有的、在叶片和转子中储存的惯量，对电网表现为一个"隐含惯量"，无法帮助电网降低频率变化的速率。光伏发电由于光伏组件不含惯性且经过了逆变器的解耦控制，没有惯量响应特性。

为了将变速双馈和全功率变频风电机组的惯量释放出来，需要增加附加频率控制环节，使其在电网频率变化时表现出类似于同步发电机惯量的频率响应特性。以变速双馈风电机组为例，其附加频率控制环节如图5-14所示，该附加控制器兼顾了一次调频和惯量控制。在电网正常情况下，频率偏差 Δf 及频率变化率 df/dt 为0，附加频率控制环节不起作用；当电网频率变化时，附加频率控制器便会修改风电机组的有功功率参考设定点，使其等于电网频率偏差 Δf 与电网频率变化率 df/dt 的函数；模拟的惯量正比于控制器常数 $K_{df/dt}$，对一次频率控制的贡献正比于 $K_{\Delta f}$。

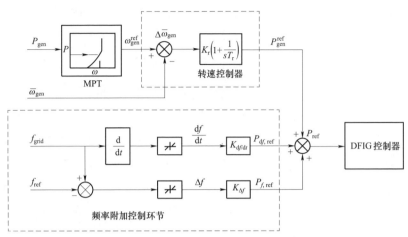

图 5-14 双馈风电机组附加频率控制环节

需要注意的是，风电机组在电网频率降低时增加有功功率的频率调节，会使风电机组偏离最大功率跟踪点，风电机组会损失一部分捕获的风能，且损失的能量会大于频率调节期间增发的能量，存在频率二次跌落的问题。

5.5 虚拟同步控制技术

对于电网而言，传统的同步发电机具有天然的并网友好性，若并网逆变器具有类似于同步发电机的运行外特性，分布式新能源就可以具备无功—电压和有功—频率的支撑能力。

为此，国内外诸多学者提出了虚拟同步机（virtual synchronous generator，VSG）的控制策略，即在逆变器的控制中模拟同步发电机特性。图 5-15 给出了基于虚拟同步机控制的逆变器结构框图。

在图 5-15 中，虚拟同步机的控制系统包含主电路和辅助控制电路两部分。其中，主电路包括网侧变换器、等效直流电压源、滤波电路等；控制电路是实现虚拟同步控制的关键，主要由电压电流控制双环、虚拟同步控制模型以及 PQ 计算三大部分组成。其中，虚拟同步控制模型一方面在运行机理上模拟了同步发电机的机械运动和电磁关系；另一方面在控制外

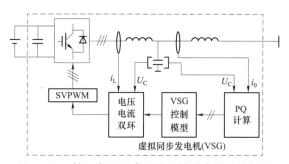

图 5－15 基于虚拟同步机控制的逆变器结构框图

特性上模拟了同步发电机的无功—电压和有功—频率；使基于虚拟同步控制的逆变器从运行机理以及控制外特性上都能和传统的同步发电机相类似。

近年来，诸多学者提出了多种实现虚拟同步的控制方案。该概念最初由 IEEE 工作组中的 A-A.Edris 等学者于 1997 年在定义 FACTS 相关术语和概念中提出。基于上述思想，荷兰代尔夫特科技大学、德国克劳斯塔尔工业大学和比利时鲁汶大学等研究机构提出了电流源型的控制方案，适用于分布式新能源渗透率高，需要其提供电压和频率支撑，但无需独立孤网运行的系统中；英国利物浦大学、日本大阪大学和合肥工业大学等研究机构提出了电压源型控制方案，该方案的分布式新能源可接入弱电网也可在独立型微电网中运行。

为了验证虚拟同步控制效果，构建了图 5－16 所示的仿真系统，该系统由 2MW 同步发电机 SG，1.5MW 直驱风电机组（PMSG）和两个负载（L_1：0.5MW＋j0.1Mvar 和 L_2：0.12MW＋j0.03Mvar）组成，图中 VSR 为电压型整流器（voltage source rectifier）。

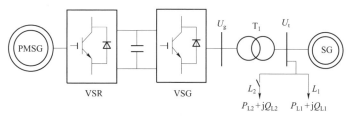

图 5－16 虚拟同步控制效果仿真系统结构

在 $t=10s$ 时投入负荷 L_2，比较风电机组无频率支撑能力、采用频率主动支撑控制及电流源型虚拟同步控制三种方案下，系统的频率变化。图 5-17～图 5-20 为不同控制策略情况下电网频率变化、转子转速变化与风能损失的对比情况。在风电机组无频率支撑能力时，系统频率跌落幅度最大、跌落速度最快，但由于没有风电损失，频率恢复稳定的速度相对较快；采用频率主动支撑控制策略时，频率跌落幅度和跌落速度都有所改善，但是风能损失最大；采用虚拟同步控制时，频率跌落幅度和跌落速度都是最好的，且风能损失也相对较小。

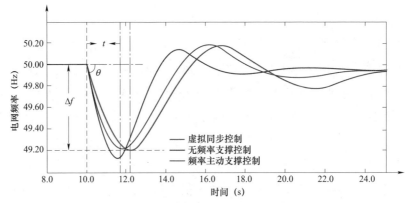

图 5-17　不同控制策略下电网频率变化结果

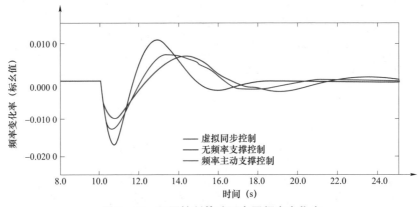

图 5-18　不同控制策略下电网频率变化率

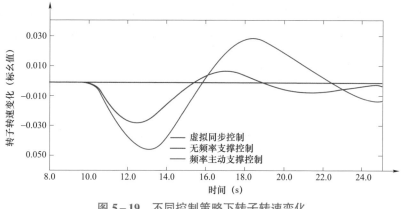

图 5 – 19　不同控制策略下转子转速变化

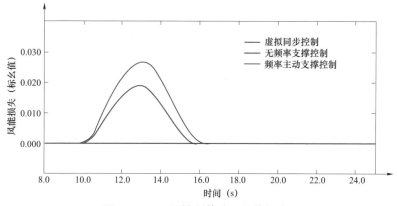

图 5 – 20　不同控制策略下风能损失

　　如果要避免风电机组参与频率调节后可能出现的二次频率跌落风险,可以通过直流侧增加储能及功率备用控制两种方式。增加储能的方法造价较高且运行维护复杂。增加功率备用的方法,是通过桨距角控制和转子转速控制等方式使风电机组减载运行,从而预留一定的功率备用并以此来支持系统调频,此时风电机组工作在次优功率跟踪点上,出力小于最大值。

5.6　能量优化管理技术

　　随着分布式新能源的发展,多种分布式新能源构成的多源互补系统,以及分布式新能源为主构建的微电网,都开始大量涌现,为协调其中各类及各个电源的出力，需要配置能量管理系统（energy management system，EMS）。能量管理系统通过制定合理的能量管理方案，根据系统的负荷需求、资源情况、燃料价格、电价等信息，对系统内的可控分布式新能源（风电、光伏等）、可控微源（柴油发电机、微型燃气轮机、燃料电池等）的出力计划、储能装置（蓄电池、超级电容器等）的充放电策略、系统与外部电网的交易方案、可控负荷的出力曲线等进行合理安排和优化调度，保障系统的安全经济运行。

能量管理系统包括功能模块、数据采集与监视控制模块（SCADA）、人机交互平台及数据库等软硬件平台，并可与配电网能量管理系统进行信息交互。能量管理系统功能示意图如图 5-21 所示。

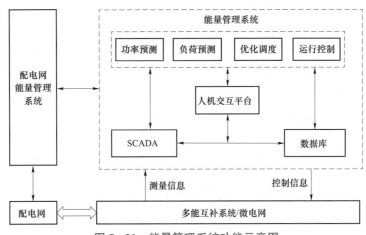

图 5-21 能量管理系统功能示意图

能量管理系统各部分的主要功能如下：

（1）SCADA：是能量管理系统与物理系统联系的信息总接口环节，为能量管理系统各功能模块提供物理系统的实时运行状态数据，并将功能模块发出的控制指令下达给各分布式新能源、储能及可控负荷等被控对象。

（2）人机交互平台：展示系统运行状态，输入运行人员的控制指令。

（3）数据库：将 SCADA 中采集到的数据及事件进行储存，以供随时查询使用。

（4）功能模块：是能量管理系统的核心模块，需要综合考虑 SCADA 提供的实时监控数据、人机交互平台提供的控制指令、配电网能量管理系统下达的控制指令及经济运行信息、数据库提供的历史数据等，对物理系统实时运行状态进行决策和调整。其主要可以划分为四个子模块：

1）功率预测子模块。对风电、光伏等分布式新能源的出力预测，为能量管理优化调度提供功率和电量输入数据，可包括短期和超短期预测。常用的预测方法包括基于数值天气预报模型的预测方法和基于历史数据的预测方法。

2）负荷预测子模块。结合历史数据、气象预测信息和用户侧需求信息进行负荷预测。

3）优化调度子模块。根据预测结果、内部物理系统实际运行情况、外部输入信息等，结合目标函数和约束条件，制定合理的优化调度策略，保持系统长时间运行的电力电量平衡及运行效益。

4）运行控制子模块。该模块对物理系统进行实时运行控制，以保障系统的稳定运行，与优化调度子模块相比，其控制实时性要求更高，控制时间尺度更小。

能量优化调度的目标函数可以是单一目标函数或多个目标函数的组合。常用的优化目标有经济目标和环境目标，经济目标主要包括系统的运行成本最低和系统的折旧成本最低。其中，运行成本考虑各电源的能耗成本、运行管理成本以及系统与主网间的能量交互成本，折旧成本基于系统的运行成本，同时考虑各电源的安装成本折旧因素；环境目标主要是使系统的环境效益最高，即污染物排放最少、新能源发电量最大等。约束条件主要包括：系统潮流方程、各电源设备本身的发电特性约束、资源环境条件约束、系统与配电网之间的交换功率约束、系统旋转储备约束，以及需要考虑的其他约束。

根据时间尺度的不同，可将能量管理策略划分为三个步骤：日前机组优化启停计划、日内经济优化调度以及调度计划实时调整。能量管理流程如图 5-22 所示。

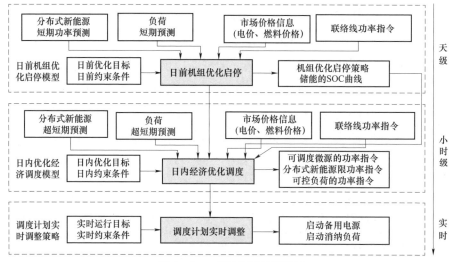

图 5-22　能量管理流程图

（1）日前机组优化启停针对未来 24h 的运行区间（以 15min 为一点），根据系统内分布式新能源出力和负荷的短期功率预测结果，采用日前机组优化启停模型，优化系统内各分布式新能源的启停状态、各类负荷的投切计划及储能的荷电状态（state of charge，SOC）运行区间，并将此调度计划提前通知相应机组和对应用户。日前机组优化启停模型基于系统内各元件的成本及技术约束模型，以系统的运行收益最大为优化目标，结合系统的功率平衡和电能质量等约束条件，求解混合整数优化规划问题。

（2）日内经济优化调度针对未来 4h 的运行区间（以 15min 为一点，每 15min 滚动计算一次），以日前机组优化启停计划制定的分布式新能源、可投切负荷的启停状态及储能的 SOC 曲线为既定条件，基于分布式新能源出力和负荷的超短期功率预测结果，根据日内经济优化调度模型，优化计算系统内各分布式新能源和各类负荷的运行功率。日内经济优化调度模型基于系统内各元件的运行成本及技术约束模型，以系统的运行成本储能的 SOC 值与日前计划偏差最小为优化目标，结合系统的功率平衡和电能质量等约束条件，求解非线性规划问题。

（3）调度计划实时调整是指在系统运行过程中，根据实时运行需求，采用启动备用电源或消纳负荷的方式保证系统在正常范围内运行。

134

　　需要指出的是，多源互补系统、并网型微电网和孤网型微电网的目标函数和约束条件是不同的，能量管理系统的设计框架也存在较大差异。以运行方式为例，多源互补系统和并网型微电网由于有电网的支持，其内部各电源的运行方式更为灵活，经济目标和/或环境目标中除包含系统设备运行成本外，还应包含配电网向系统提供的备用容量及联络线交互电量的费用，同时并网型微电网还需要考虑潜在的、短时转为孤网运行状态下的能量优化管理。而孤网型微电网只有独立孤网运行模式，其优化目标是在满足经济性和环境效益的约束下尽可能满足负荷用电需求。

第6章

孤 岛 保 护 技 术

分布式新能源通常接入配电网末端，靠近用户侧，所发电量由用户就地消纳。当电网因故障或检修断开时，分布式新能源单独向负荷供电形成孤岛。本章将详细介绍孤岛现象及其实证、常用防孤岛保护方法及其失效机理，最后介绍两种新的防孤岛保护技术。

6.1 孤 岛 现 象

6.1.1 孤岛现象及其危害

孤岛现象是指包含负荷和电源的部分电网从主网脱离后继续孤立运行的状态。孤岛可分为非计划性孤岛和计划性孤岛。计划性孤岛，即采用微电网技术，增加先进的控制系统及必要的储能装置，使分布式新能源与就地负荷在与电网断开后，可持续稳定运行的状态，可以有效发挥分布式新能源的作用，减少停电带来的损失，提高供电质量和可靠性。非计划性孤岛，是分布式新能源与负荷在与电网断开后，出现的非预先设定的、非受控的、不可持续稳定运行的状态，会对用户、设备及人身安全造成危害。因此，分布式新能源必须能够在短时间内检测到孤岛运行状态，并在规定时间内退出运行。图6-1中的区域1、区域2、区域3就是由跳闸开关位置不同形成的不同范围的孤岛。

非计划性孤岛的形成具有偶然性和不确定性，会带来一系列的问题：

（1）电能质量下降。非计划孤岛运行时，频率和电压并不受控，功率不平衡会引起频率、电压大幅变化，降低电能质量，有可能损坏电网和用户电气设备。

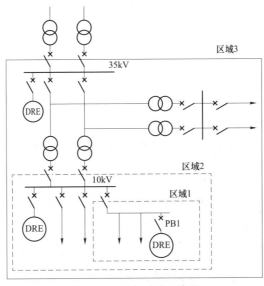

图 6-1　孤岛区域示意图

（2）威胁公众及运行人员的安全。传统配电网在电网侧开关断开后就不再带电，而分布式新能源接入后引起的非计划性孤岛，会使配电网在电网侧开关断开后继续带电，且孤岛的范围存在不确定性，容易对维修人员、运行人员和公众带来安全威胁。

（3）流经继电保护装置的电流大小改变，影响继电保护的正确动作。

（4）可能会失去接地点，威胁绝缘安全。

（5）影响自动重合闸。形成孤岛后，分布式新能源可能仍对跳闸线路的另一端供电，造成检无压重合闸失败，或因孤岛与主系统失步，检同期重合闸失败，从而引起不必要的停电及对分布式新能源、系统设备的损害。

6.1.2　孤岛运行特性分析

当分布式新能源并网运行，并网点的电压和频率由电网决定；当分布式新能源和负荷从电网断开后，分布式新能源与负荷构成一个独立的供电系统，即处于孤岛运行状态，孤岛系统的电压和频率运行特性将会发生较大变化。

为方便计算，将分布式新能源等效为受控电流源，负荷则用孤岛检测最为不利的RLC并联负载代替，风电机组孤岛运行等效电路如图6-2所示。

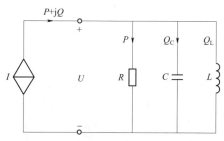

图6-2 风电机组孤岛运行等效电路图

图6-2中，U、I分别为分布式新能源并网点电压与输出电流有效值；P、Q分别为分布式新能源输出的有功、无功功率；P、Q_L、Q_C分别为 RLC并联负载所消耗的有功功率、感性无功功率与容性无功功率。

系统发生孤岛时，分布式新能源输出的有功、无功功率与RLC并联负载消耗的有功、无功功率基本匹配，可得系统孤岛运行时的系统频率解析表达式

$$\omega = \frac{1}{\sqrt{LC}}\left(\frac{Q}{2Q_f P}+1\right) \tag{6-1}$$

式中 Q_f——RLC并联负载的品质因数，$Q_f = R\sqrt{\dfrac{C}{L}}$。

系统孤岛运行时的电压幅值解析表达式为

$$U = \sqrt{PR} \tag{6-2}$$

由式（6-1）、式（6-2）可知：分布式新能源孤岛运行时，其系统电压幅值由负荷消耗的有功功率决定，系统频率则由负荷消耗的有功功率、无功功率、负荷品质因数共同决定。即分布式新能源孤岛运行时，并网点电压幅值与频率和孤岛系统的有功、无功功率匹配度密切相关。

为进一步研究功率扰动对并网点电压幅值与频率影响程度，针对式（6-1）、式（6-2）分别对功率求导可得

$$\frac{\partial \omega}{\partial Q} = \frac{1}{\sqrt{LC}}\frac{1}{2Q_f P} = k_1 \frac{1}{P} \tag{6-3}$$

$$\frac{\partial \omega}{\partial P} = \frac{1}{\sqrt{LC}}\frac{-Q}{2Q_f P^2} = -k_1 \frac{Q}{P^2} \tag{6-4}$$

$$\frac{\partial U}{\partial P} = \frac{R}{2\sqrt{PR}} = \frac{1}{2}\sqrt{\frac{R}{P}} \qquad (6-5)$$

其中，$k_1 = \dfrac{1}{2Q_f\sqrt{LC}} = \dfrac{1}{2RC} > 0$，由负荷阻抗特性的阻容部分决定。

考虑分布式新能源能量输出的单向性（$P>0$），由式（6-3）可知，并网点电压角频率与无功功率成正比例函数关系，即无功功率变化越大对系统频率的影响越大；而无功变化对频率影响的灵敏度与分布式新能源的有功功率成反比例函数关系，即分布式新能源输出有功功率越小，无功功率变化对系统频率的影响越大。由式（6-4）可知，并网点电压角频率与有功功率的单调性与无功功率的正负有关。当无功功率为正，频率与有功功率成反比例函数关系；当无功功率为负，频率与有功功率成正比例函数关系。另外，负荷的品质因数越小，功率扰动对频率影响的灵敏度越大。由式（6-5）可以看出，并网点电压幅度与有功功率成正比例函数关系。

由式（6-3）～式（6-5）可得孤岛运行时系统有功、无功功率变化对其输出频率变化灵敏度的比值和有功变化对系统频率及电压幅度灵敏度的比值

$$\frac{\partial \omega}{\partial Q} \bigg/ \frac{\partial \omega}{\partial P} = \frac{P}{Q} \qquad (6-6)$$

$$\frac{\mathrm{d}U}{\mathrm{d}P} \bigg/ \frac{\partial \omega}{\partial P} = \frac{\sqrt{P^3}}{4\sqrt{RCQ}} = k_1 \frac{PU}{2Q} \qquad (6-7)$$

分布式新能源通常运行在单位功率因数条件下，考虑孤岛检测最不利的情况，孤岛运行系统工作在负荷的谐振点，而谐振频率附近的负荷无功功率近似等于零。因此，孤岛运行时无功功率扰动对频率变化的灵敏度远大于有功扰动对频率变化的灵敏度；而有功扰动对逆变器输出电压变化的灵敏度远大于有功扰动对逆变器输出频率变化的灵敏度。

6.1.3 孤岛现象的实证性研究方法

新能源与储能运行控制国家重点实验室张北试验基地（简称张北试验基地）面积 24km²，主要配套设施包括 30 个风电机组试验机位、1.5MW光伏、1 座 110kV 变电站、35km 35kV 集电线路、4 个就地配电室、80 套 35kV

开关柜，以及电网适应性、低电压穿越等试验检测装置。利用试验机位的通用基础、切换灵活的集电系统和高兼容性的高速海量数据采集处理系统等设施，可同时为 30 台 6MW 以下风电机组开展并网性能研究与试验工作，为风电机组控制特性的实证性研究提供了研发和调试平台。

本节以分布式风电机组为例，介绍孤岛现象的实证性研究方法。为了验证不同类型风电机组在孤岛产生后的运行特性，风电机组孤岛现象试验平台在新能源与储能运行控制国家重点实验室张北试验基地搭建，以研究各类风电机组单机及混合系统在输出功率、电网阻抗特性变化条件下所发生的孤岛现象，并分析风电机组发生孤岛运行前后输出有功功率、无功功率、电压、频率等电气量的变化特性。

风电机组孤岛实证研究试验主接线如图 6-3 所示。

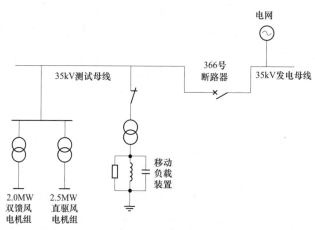

图 6-3 风电机组孤岛实证研究试验主接线

如图 6-3 所示，移动负载装置通过升压变压器连接在 35kV 测试母线上，实验准备阶段将全功率变频风电机组和双馈风电机组从 35kV 发电母线正常发电运行状态倒闸到 35kV 测试母线上，测试母线通过 366 号断路器与发电母线相连。孤岛实证试验步骤如下：

（1）断开负载装置，闭合 366 号断路器，读取 366 号断路器计量处风电机组输出的总有功功率和无功功率，记为 P、Q。

（2）断开 366 号断路器。

（3）调整负载装置，使 $Q_f = 1 \pm 0.05$；调整 Q_L，使 $Q_L = Q_f \times P = 1 \times P$；接入电容，并使 $Q_C + Q_L = -Q$；接入电阻，使负荷消耗的有功功率等于 P。

（4）接入负载装置，闭合 366 断路器，启动风电机组，确定输出功率为步骤（1）所确定功率，调整 RLC 使得 366 断路器处计量表显示与电网交换功率为 0。

（5）切断母线开关，记录风电机组输出电压电流波形。

（6）调整 RLC 使得其有功无功功率值为不同水平，重复步骤（2）～（5）。

6.1.4　孤岛现象实证试验

在张北试验基地开展不同风电机组类型（恒速异步感应风电机组、全功率变频风电机组、双馈风电机组、含全功率变频与双馈风电机组的混合系统）在不同负荷特性条件下（有功功率及无功功率平衡、±5%有功功率不平衡、±5%无功功率不平衡）的孤岛现象实证试验，以研究分析其孤岛运行特性。风电机组并网运行时，并网点的电压和频率由电网决定。在电网断路器跳闸后，风电机组与本地负荷有功功率和无功功率的匹配度，决定了孤岛系统的频率和电压偏移量，匹配度越高，频率和电压偏移越小；反之，匹配度越低，频率和电压偏移越大。

（1）恒速异步风电机组孤岛现象。风电机组发出的有功功率与负荷消耗的有功功率相等，即 $P_{load} + P_{line} = P_{IG}$。其中，$P_{IG} = 400\text{kW}$、$Q_{IG} = 0$，$P_{load} = 350\text{kW}$，$P_{line} = 50\text{kW}$，$Q_C = -400\text{kvar}$，$Q_L = 400\text{kvar}$。0.325s发生孤岛，0.421s电压降为 0，风电机组退出运行。风电机组输出电压和电流有效值波形如图 6-4 所示。实证表明，即使有功和无功基本匹配，恒速异步风电机组也无法支撑孤岛运行，在出现孤岛后的 1s 内即完全退出运行。

（2）全功率变频风电机组孤岛现象。风电机组发出的有功功率与负载消耗的有功功率相等，即 $P_{load} + P_{line} = P_{PMSG}$，$P_{PMSG} = 500\text{kW}$、$Q_{PMSG} = 0$，$P_{load} = 450\text{kW}$、$Q_C = -500\text{kvar}$、$Q_L = 500\text{kvar}$，$P_{line} = 50\text{kW}$。124s时发生孤岛，孤岛系统可持续运行，676s时手动切除风电机组。风电机组输出电压和电流有效值波形及a相电压频率波形如图 6-5～图 6-7 所示。

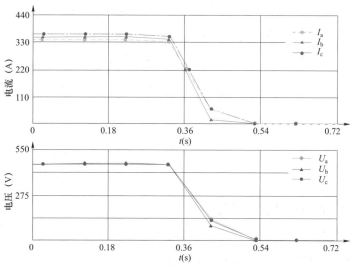

图 6-4 有功功率匹配下电流与电压

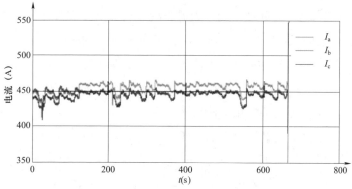

图 6-5 $P_{load} + P_{line} = P_{PMSG}$ 条件下三相电流

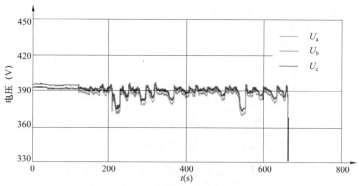

图 6-6 $P_{load} + P_{line} = P_{PMSG}$ 条件下三相电压

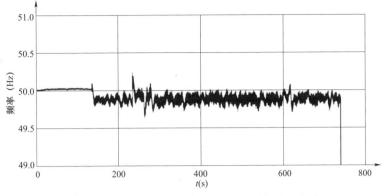

图 6-7 $P_{\text{load}} + P_{\text{line}} = P_{\text{PMSG}}$ 条件下 a 相电压频率

由图 6-5～图 6-7 可知，孤岛发生后电压电流有效值变化很小，风电机组能持续运行。其中，电压有效值由 390V 下降至 385V，电流有效值由 450A 上升至 460A。孤岛前频率为 50.03Hz，孤岛后频率为 49.9Hz，频率下降 0.13Hz，电压和变流变化未超出风电机组自身保护阈值（电压保护阈值 0.9＜U（标幺值）＜1.1，频率保护阈值 47.5Hz＜f＜52.5Hz）。

（3）双馈风电机组孤岛现象。风电机组发出的有功功率 $P_{\text{DFIG}} = 500\text{kW}$、$Q_{\text{DFIG}} = 0$，$P_{\text{load}} = 450\text{kW}$、$Q_{\text{C}} = -500\text{kvar}$、$Q_{\text{L}} = 480\text{kvar}$，线路损耗 $P_{\text{line}} = 50\text{kW}$，$Q_{\text{line}} = 20\text{kvar}$。69.2s 发生孤岛，0.3s 后双馈风电机频率保护动作停机。风电机组输出电流电压有效值波形及a相电压频率波形如图 6-8～图 6-10 所示。

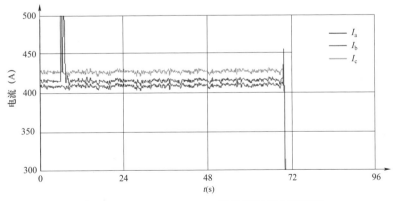

图 6-8 $P_{\text{load}} + P_{\text{line}} = P_{\text{DFIG}}$ 条件下三相电流波形

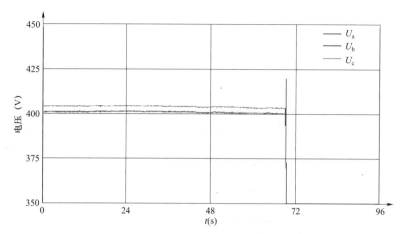

图 6－9　$P_{\text{load}}+P_{\text{line}}=P_{\text{DFIG}}$ 条件下三相电压波形

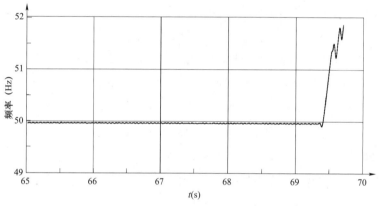

图 6－10　$P_{\text{load}}+P_{\text{line}}=P_{\text{DFIG}}$ 条件下 a 相电压频率

由图 6－8～图 6－10 可见，并网运行时风电机组输出端电压为 400V、电流为 420A，孤岛发生后电压电流迅速跌落至 0，a 相频率值由 50Hz 迅速上升至 51.5Hz，双馈风电机组频率保护动作停机。

（4）含全功率变频与双馈风电机组的混合系统孤岛现象。风电机组发出有功功率与负载相等，即 $P_{\text{load}}+P_{\text{line}}\approx P_{\text{DFIG}}+P_{\text{PMSG}}$，其中，$P_{\text{DFIG}}+P_{\text{PMSG}}=630\text{kW}$、$Q_{\text{DFIG}}+Q_{\text{PMSG}}=0$，负载 $P_{\text{load}}=580\text{kW}$、$Q_{\text{C}}=-600\text{kvar}$、$Q_{\text{L}}=580\text{kvar}$，$P_{\text{line}}=50\text{kW}$、$Q_{\text{line}}=20\text{kvar}$。53.5s发生孤岛，孤岛持续 4.2s 后风电机组保护停机。风电机组输出电流电压有效值波形及a相电压频率波形如图 6－11～图 6－13 所示。

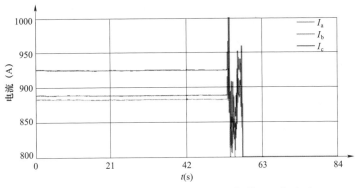

图 6−11 $P_{\text{load}} + P_{\text{line}} = P_{\text{DFIG}} + P_{\text{PMSG}}$ 条件下三相电流

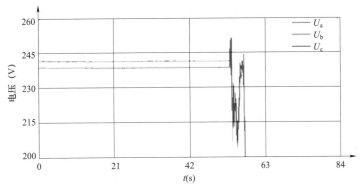

图 6−12 $P_{\text{load}} + P_{\text{line}} = P_{\text{DFIG}} + P_{\text{PMSG}}$ 条件下三相电压

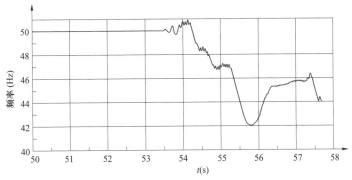

图 6−13 $P_{\text{load}} + P_{\text{line}} = P_{\text{DFIG}} + P_{\text{PMSG}}$ 条件下 a 相电压频率

由图 6−11～图 6−13 可见，孤岛后电压电流有效值变化较大。其中，电压有效值变化约为 25V，由 240V 下降至 215V，电流有效值变化约为 50A，由约 900A 下降至 850A。孤岛前频率为 50Hz，孤岛后频率逐渐下降至风电机组停机。

本节通过试验实证了不同风电机组类型（恒速异步感应风电机组、全功率变频风电机组、双馈风电机组、含全功率变频与双馈风电机组的混合系统）在不同负荷特性条件下（有功功率及无功功率平衡、±5%有功功率不平衡、±5%无功功率不平衡）孤岛发生后输出特性的变化，试验结果如表 6-1 所示。

表 6-1　　　　　　　　　孤岛实证试验结果

风电机组类型	风电机组功率（kW，kvar）	负荷功率（kW，kvar）	孤岛持续时间（s）	孤岛前电压（V）	孤岛后电压（V）	孤岛前频率（Hz）	孤岛后频率（Hz）
恒速异步感应风电机组	400，0	400，0	0.096	390	—	—	—
	340，0	340，0	0.096	390	—	—	—
	287，0	287，0	0.2	390	—	—	—
	191，0	191，−25	0.114	390	—	—	—
	400，0	400，25	0.25	390	—	—	—
全功率变频风电机组	500，0	500，0	552	390	385	50.03	49.9
		475，0	706	390	400	50.02	49.6
		525，0	41	390	380	49.97	49.93
		500，−25	429	395	395	50.02	48.5
		500，25	380	395	395	49.97	50.8
双馈风电机组	500，0	500，0	0.3	400	—	—	—
含全功率变频与双馈风电机组的混合系统	600，0	600，0	4.2	240	215	—	—
		570，0	1.2	240	200	—	—
		630，0	0.8	240	200	—	—
		600，−30	3	240	270	—	—
		600，30	1.8	240	270	—	—

由实证结果可见：

（1）恒速异步感应风电机组无法单独支撑孤岛运行，其出现孤岛后的 1s 内即退出运行。

（2）全功率变频风电机组在孤岛后能够在较长时间以内稳定运行。在有功功率及无功功率都匹配的条件下电压幅值及频率变化不明显，孤岛持续运行，最长时间达 552s；在 ±5% 有功功率不平衡条件下电压幅值变化明显，变化量约为 10V；在 ±5% 无功功率不平衡条件下电压幅值无明显变化而频率值变化明显，在负载为容性时孤岛后频率下降约 1.5Hz，在负载为感性时孤岛后频率上升约 0.8Hz。

（3）双馈风电机组因为频率保护阈值设置较低，所以孤岛运行时间在 0.3s 以内，在孤岛出现后频率升高 1.5Hz，风电机组频率保护动作切机，如果放开频率保护定值，也存在孤岛运行可能性。

（4）在混合系统孤岛实验中，孤岛后电压及频率变化较大，且双馈风电机组机械振动与噪声较大，在有功和无功比较平衡的情况下，混合系统孤岛运行时间达 4.2s，在有功或无功不平衡的情况下，孤岛运行时间在 2s 以内。

6.2　孤岛检测方法及其失效机理

为避免非计划孤岛运行带来的不利影响，现行的运行规程一般都要求分布式新能源配置防孤岛保护，当故障发生以后，能够及时检测到孤岛状态，将分布式新能源尽快与主系统断开。本节主要介绍常用孤岛检测方法及其失效机理。

6.2.1　常用孤岛检测方法

6.2.1.1　被动式孤岛检测方法

被动式孤岛检测方法又称为无源法，其通过检测逆变器输出端的电压、频率、相位以及波形畸变等电气量信息来判定孤岛发生与否。被动式孤岛检测原理如图 6-14 所示。

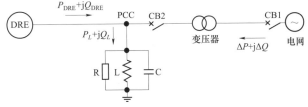

图 6-14　被动式孤岛检测原理图

分布式新能源在并网模式下与配电网共同为负载供电，功率平衡关系如式（6-8）所示

$$\Delta P = P_{\mathrm{L}} - P_{\mathrm{DRE}}$$
$$\Delta Q = Q_{\mathrm{L}} - Q_{\mathrm{DRE}}$$
（6-8）

式中 ΔP、ΔQ——配电网发出的有功和无功功率；

  P_{DRE}、Q_{DRE}——分布式新能源发出的有功和无功功率；

  P_{L}、Q_{L}——负荷有功功率和无功功率。

通常逆变型分布式新能源并网运行于单位功率因数下，即 $Q_{\mathrm{DRE}}=0$，$\Delta Q = Q_{\mathrm{L}}$，故 RLC 负载满足如下功率关系

$$\begin{cases} P_{\mathrm{L}} = U_{\mathrm{PCC}}^2 / R \\ Q_{\mathrm{L}} = U_{\mathrm{PCC}}^2 \times \left(\dfrac{1}{\omega L} - \omega C \right) \end{cases}$$
（6-9）

式中 U_{PCC}——PCC 处电压；

  ω——角频率。

被动式孤岛检测方法包括电压/频率检测法、电压谐波检测法、电压相位突变检测法、关键电量变化率检测法等。优点是无需增设其他的硬件电路设施或单独的保护继电装置，而且不影响电能质量。缺点是存在检测盲区大、检测速度慢等问题。

6.2.1.2 主动式孤岛检测方法

主动式孤岛检测方法是通过对逆变器的输出电流进行扰动，来获取相应输入扰动信号引起的电气量变化，进而根据不同电气量的判据门槛值判定孤岛发生与否。

$$I = I_{\mathrm{m}} \sin(2\pi f t + \theta)$$
（6-10）

以微量的电流幅值量 ΔI_{m}、频率扰动量 Δf、初相位扰动量 $\Delta \theta$ 分别作为注入变量，监测逆变器的输出电压、频率及功率的波动情况，进而根据各变量的波动程度是否超出孤岛检测判据门槛值来判定孤岛发生与否。在并网模式下，扰动量因受系统电网平稳运行要求的钳制，扰动效果不突出；但在孤岛运行模式下，扰动量因失去主网系统的钳制作用而加剧了各变量的波动程度，从而使其越过检测判据门槛值，表明孤岛发生。主动式孤岛

检测原理如图 6－15 所示。

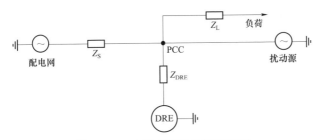

图 6－15　主动式孤岛检测原理图

Z_S、Z_{DRE}、Z_L——配电网等值阻抗、分布式新能源等值阻抗和负荷等值阻抗

常用的主动孤岛检测方法包括阻抗测量法、特定频率的阻抗测量法、电抗插入检测法、桑迪亚（Sandia）电压偏移、输出功率扰动法、主动频率偏移法等。

主动孤岛检测方法的优点是检测盲区小、精准度高；缺点是逆变器的输出电流谐波增大，影响电能质量，电气设备损耗严重，原理算法程序复杂，实际可操作性差，且检测效果受不同性质负载影响的区别较大，在多个逆变器同时运行时扰动量不能做到绝对同步，也容易造成扰动效果不明显甚至失效。

6.2.1.3　远程孤岛检测方法

远程孤岛检测方法主要通过通信或监控方式获取联网线路状态，以判别分布式新能源是否存在孤岛运行状态。主要包括两种方式：基于载波通信的孤岛判别、开关信号或监控方式。

（1）基于载波通信的孤岛判别。该方法利用电力线载波的方式传输载波通信信号，其工作原理如图 6－16 所示。电网侧信号发生器发出载波信号经耦合后注入到变电站母线和配电线路中，分布式新能源并网点处的孤岛保护装置通过耦合设备获取载波信号，通过是否检测到载波信号来判定孤岛发生与否。并网状态下，孤岛保护装置能不间断地收到载波信号；当变电站和该分布式新能源间的某断路器跳闸迫使某一配电线路处于孤岛状态时，耦合装置将不能收到载波信号，孤岛保护装置便发出动作信号，将分布式新能源切除。

分布式新能源发电规划与运行技术

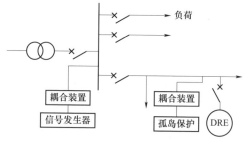

图 6-16　载波孤岛保护原理图

（2）开关信号或监控方式。对分布式新能源所有联网相关断路器位置状态进行监测，一旦能够使分布式新能源与电网形成孤岛的断路器断开，便向分布式新能源发送信号，分布式新能源遂退出运行，达到孤岛检测的目的。也可通过监控系统监测所有相关断路器开关状态，结合配电网拓扑预先设置的逻辑判断进行孤岛状态监测，向对应分布式新能源发送退出运行指令，进行孤岛保护。

6.2.1.4　传统孤岛检测方法的比较

国内外对传统孤岛检测方法开展了大量研究，并在新能源装置中投入使用。对各种孤岛检测方法进行的技术比较如表 6-2 所示。

表 6-2　　　　　　　　孤 岛 检 测 技 术 比 较

检测方法		特　　点	破坏性检测
本地被动检测	电压	（1）对电网无干扰，对电能质量无影响。 （2）检测时间长。 （3）源荷功率匹配时，检测盲区大。 （4）要与主动法配合使用	否
	频率		
	谐波		
	关键变量变化率		
本地主动检测	自动频率/相位偏移	（1）对纯阻性负载不存在盲区，对于 RLC 负荷在特定相角存在盲区。 （2）检测速度快。 （3）向电网注入谐波	是
	电压/频率正反馈	（1）存在检测盲区。 （2）反馈增益较难设定。 （3）孤岛时能够破坏平衡，检测速度快	
	端口阻抗测量技术	（1）孤岛内功率匹配情况不影响检测效果。 （2）干扰信号可能相互冲突。 （3）谐波分量提取比较复杂	否
远方检测	传输断路器跳闸信号	（1）实时性强，检测速度快，准确性高，对电网无影响。 （2）成本较高	否
	电力线路载波通信		

6.2.2　现有孤岛检测失效机理

目前，分布式新能源发电装置大都采用混合孤岛检测技术，将被动检测和主动检测算法结合运用。由于被动检测耗时较短，且对发电系统电能质量无影响，故混合检测技术通常首先由被动检测技术进行检测，当出现疑似孤岛或孤岛状态判定存在不确定性时，对受测系统施加主动检测技术，进一步对孤岛状态的判定进行确认。该种检测过程中，如果两种组合搭配具有互补性，能够取长补短，则检测盲区很小，检测效果较好。最典型的包括主动正反馈加被动电压不平衡度检测技术、被动电压检测加主动无功偏移的检测技术。但混合检测技术的根本仍在于其中的主动检测技术，且其主动检测技术均采用正反馈或者电气参量偏移累积的方式实现。混合检测技术在传统的单电源小型系统中有着较高的有效性，而在多逆变器电源的大量分布式新能源并网系统中，现有主动式方法开始出现失效问题。

下面以频率—无功反馈法为例，分析以扰动为基础的主动孤岛检测法在多逆变器系统中的失效机理，其控制结构如图 6-17 所示。频率—无功反馈防孤岛保护通过无功功率或电流扰动，使得大电网断开后 PCC 处测得的电压频率偏移超出允许范围，以实现孤岛检测。

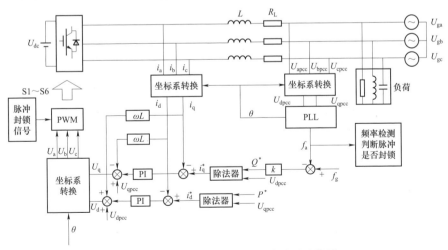

图 6-17　频率—无功反馈法的控制结构图

首先进行单电源场景的仿真分析。在 Matlab/Simulink 搭建了模型，其中单电源经升压并入 25kV 无穷大系统，有功功率输出为 10MW，无功输出由频率差来决定，$Q_{inv}=k（f_a-50）$var，其中反馈系数 $k=100^2$，RLC 负载并联接在 25kV 母线上，有功负载 $P_L=10$MW，$Q_{LL}=5$Mvar，$Q_{LC}=-5$Mvar。系统在 0.2s 时发生孤岛，仿真时长为 1.2s，其仿真结果如图 6-18 所示。

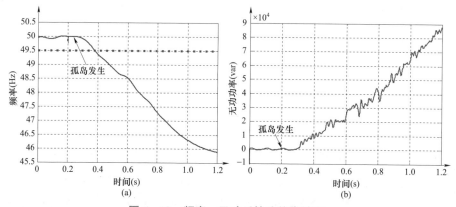

图 6-18   频率—无功反馈法仿真波形
（a）1 号逆变器输出电压的频率；（b）1 号逆变器输出的无功功率

在采用频率—无功反馈孤岛检测策略后，系统的频率在孤岛后 0.2s 内就下降到 49.5Hz 以下（判别阈值 49.5Hz<f<50.5Hz），孤岛运行状态能够较快地被检测出来。由于采用了频率无功反馈策略，系统只要初始存在轻微的无功不匹配 ΔQ，就会出现小 Δf，经过 $Q_{inv}=k(f_a-f_g)$ 的频率无功正反馈，ΔQ 将被不断放大，从而使 Δf 也被不断放大，不断偏离额定值，直至达到阈值而触发动作。以上过程表现在图 6-18 中，即为电源输出的无功功率随着频率的下降而上升，使得频率进一步下降。由此可知，频率—无功反馈法适用于单电源的孤岛检测，具有较高有效性。

多电源场景下，各电源均采用频率无功反馈法控制，在 Matlab/Simulink 下进行仿真，系统为 5 个电源并联升压接入 25kV 无穷大系统，有功功率输出为 5×2MW，无功输出由频率差来决定，$Q_{inv1,2,3}=k(f_a-50)$var，其中反馈系数 $k=100^2$；$Q_{inv4}=k(f_a-50)$var，其中 $k=-2×100^2$；$Q_{inv5}=k(f_a-50)$var，其中 $k=-100^2$。RLC 负载并联接在 25kV 母线上，有功负载 $P_L=10$MW，$Q_{LL}=5$Mvar，$Q_{LC}=-5$Mvar。系统在 0.2s 时发生孤岛，仿真时长是 1.2s。

多电源情形下频率无功反馈法孤岛检测的仿真结果如图6-19所示。

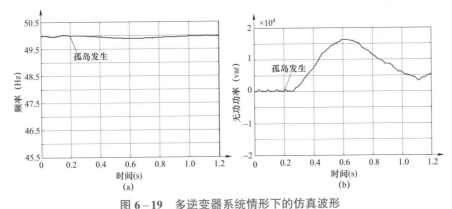

图6-19　多逆变器系统情形下的仿真波形

（a）1号逆变器出口处电压的频率；（b）1号逆变器输出的无功功率

从图6-19可以看出，在多电源选用了不同频率—无功反馈系数的情形下，各电源发出的无功扰动相互干扰，甚至大部分相互抵消，使得总的无功扰动接近于0，而频率是全局量，难以形成 $f-Q$ 的正反馈，扰动无法放大，基于各电源生成扰动的主动式孤岛检测将会失效。

综上，单电源场景下，基于扰动的孤岛检测方法因只有一个扰动源，其扰动及响应是统一、一致的，扰动的响应较为显著，可以快速、有效地实现孤岛状态的检测。但在多电源场景下，各电源采用的扰动可能不一样，扰动甚至可能相互抵消，导致孤岛检测失败。也存在全部电源采用同一种孤岛检测技术，但孤岛检测扰动的不同期问题可能导致整个系统的扰动相互抵消，最终也导致孤岛检测的失败。

6.3　电压谐波畸变率与无功扰动相结合的防孤岛保护方法

本节介绍一种主被动相结合的防孤岛保护方法——电压谐波畸变率与无功扰动相结合的方法，该方法可有效避免单纯的主动法对电网电能质量的损害，适用于已具备或经改造后能具备快速无功调节能力的分布式新能源供电系统。

系统持续监测电源输出端电压波形的总谐波畸变率，孤岛产生瞬间因为开关动作，会产生较大的谐波，总谐波畸变率（total harmonic distortion，THD）会突变式上升。所以，可持续监测电压 THD 值并计算其与上一周期电压波形的 THD 之比，将该比值作为无功注入的触发信号。当比值大于阈值时，则判断分布式新能源发电输出端电压频率值是否超过保护动作整定值，若超过则分布式新能源发电停机保护，若不超过整定值则启动无功功率注入动作。该方法孤岛识别流程如图 6-20 所示，若频率偏差大于启动值则注入ΔQ，并在 0.2s 内观察电压频率变化是否超过阈值，如果超过则分布式新能源发电停机保护，如果频率未超过阈值则判断频率变化趋势，若频率继续上升（或下降），则加大无功注入量，并继续对频率进行监测，若频率值超过阈值则分布式新能源发电退出运行，若仍在稳定范围内则停止无功注入，返回顶层继续监测电压 THD。

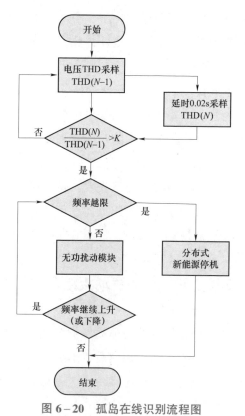

图 6-20 孤岛在线识别流程图

以全功率变频风电机组为例，由于基于无功功率扰动的孤岛在线识别方法是通过微调风电机组输出的无功功率来识别孤岛的，其输出无功功率值由其网侧逆变器控制决定，因此对风电机组机侧整流器部分进行了简化，将直流电容等效为1100V直流电源，模型控制框图如图6-21所示。无功功率扰动的注入通过在逆变器侧q轴电流加入扰动量Δi_q实现。

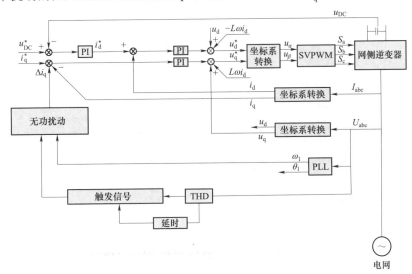

图6-21 全功率变频风电机组孤岛在线识别控制框图

孤岛产生后，风电机组出口处 A 相电压 THD 值及触发信号值波形如图6-22和图6-23所示。

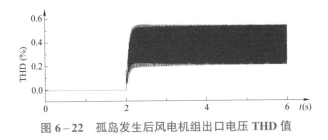

图6-22 孤岛发生后风电机组出口电压 THD 值

由图6-22和图6-23可见，在仿真中孤岛产生后风电机组出口电压 THD 值迅速跃升，与之对应，无功功率注入触发信号值由约等于 1 跃升至 2000 以上，发生了数量级的变化。此时，无功功率注入的触发阈值可选择范围很大。

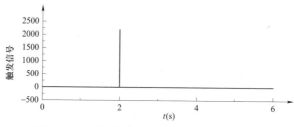

图 6-23　孤岛发生后风电机组出口触发信号

在模型中增加无功功率扰动注入模块。仿真时长仍为 6s，在 2s 时刻孤岛形成，孤岛持续时间 4s。无功注入触发信号阈值取值为 100，触发信号超过阈值后增加 q 轴电流 $\Delta i_{\mathrm{q}} = 0.01 i_{\mathrm{q}}^{*}$。风电机组出口处孤岛前后电压幅值、频率、有功功率及无功功率的仿真波形如图 6-24～图 6-27 所示。可见，频率在约 2.05s 时刻到达频率保护值 50.5Hz，识别时间为 0.05s。

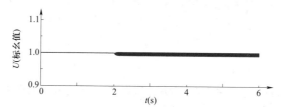

图 6-24　注入 $\Delta i_{\mathrm{q}}=0.01 i_{\mathrm{q}}^{*}$ 无功功率扰动孤岛前后电压幅值

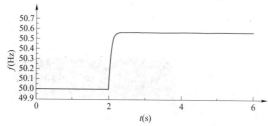

图 6-25　注入 $\Delta i_{\mathrm{q}}=0.01 i_{\mathrm{q}}^{*}$ 无功功率扰动孤岛前后电压频率

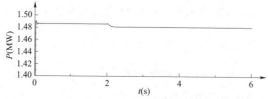

图 6-26　注入 $\Delta i_{\mathrm{q}}=0.01 i_{\mathrm{q}}^{*}$ 无功功率扰动孤岛前后风电机组输出有功功率

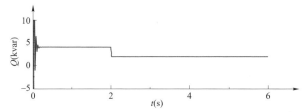

图 6–27　注入 $\Delta i_q = 0.01 i_q^*$ 无功功率扰动孤岛前后风电机组输出无功功率

6.4　基于阻抗测量的集中式防孤岛保护方法

本节介绍一种基于阻抗测量的集中式防孤岛保护方法，该方法将孤岛前后系统阻抗的大幅变化作为孤岛检测的判别特征量，并利用高频电抗在孤岛运行前后差异大的特性，来提高检测准确度。在扰动与控制方面，为避免多逆变器各自注入的相互干扰导致防孤岛失效，该方法不再采用逆变器各自注入扰动的方式，而是通过 PCC 处的一个集中式扰动注入装置，生成幅值可控、脉宽可控的宽频域三角脉冲电流作为扰动信号，并在正弦电流过零点附近注入小电流以降低对系统的扰动，通过采集注入时段内的电压电流，进行阻抗计算和孤岛判别。该方法主要用于临近接有负荷、具备孤岛运行风险的集中式新能源电站，以及较为集中接入的分布式新能源电站。

6.4.1　方法原理

基于阻抗测量的集中式防孤岛保护方法整体方案如图 6–28 所示，整个系统只有一个统一的扰动发生源，该扰动源既可以集成于风电机组、光伏逆变器或 SVG，也可以是一个独立的扰动发生装置。整体工作方案为：集中式扰动注入装置通过监测 PCC 处电压过零点，控制注入装置向系统注入扰动信号（电流信号），同时采集系统响应（电压），用于特征量信号的处理和计算，特征量采用高频电抗以放大特征量差异，将高频电抗特征量通过一定逻辑和延时进行孤岛状态识别。方案的重点在于扰动信号的生成、注入扰动信号的控制及高频电抗的计算。

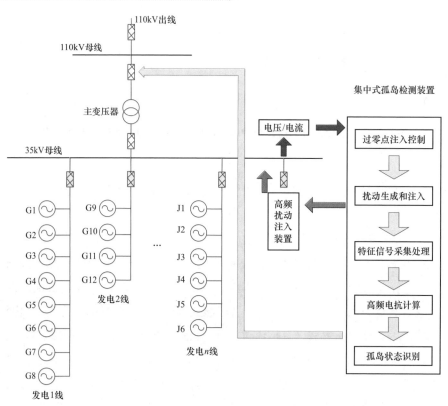

图 6-28 基于阻抗测量的集中式防孤岛保护法总体方案示意图

外部集中扰动下系统测量阻抗法，其等值系统结构如图 6-29 所示。等值系统中，通常电网的等效阻抗 $Z_{G\Sigma}$（Z_l、Z_{TG} 和系统内阻之和）远小于本地电源的等效阻抗 $Z_{P\Sigma}$（Z_{DRE} 与 Z_{TP} 之和）和本地负荷 $Z_{L\Sigma}$（Z_{LD} 与 Z_{TL} 之和）的等效阻抗，即

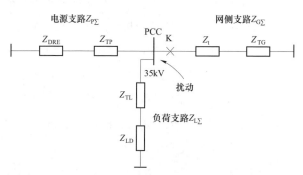

图 6-29 外部集中扰动下系统测量阻抗等值原理图

$$Z_{\text{G}\Sigma} \ll Z_{\text{P}\Sigma},\ Z_{\text{G}\Sigma} \ll Z_{\text{L}\Sigma} \qquad (6-11)$$

$$Z_{\text{GD}} = \frac{Z_{\text{P}\Sigma} Z_{\text{L}\Sigma}}{Z_{\text{P}\Sigma} + Z_{\text{L}\Sigma}} \gg Z_{\text{G}\Sigma} \qquad (6-12)$$

孤岛前，PCC 处的测量阻抗为

$$Z = \frac{Z_{\text{G}\Sigma} Z_{\text{GD}}}{Z_{\text{G}\Sigma} + Z_{\text{GD}}} < Z_{\text{G}\Sigma}' \qquad (6-13)$$

孤岛后，PCC 处的测量阻抗为

$$Z' = Z_{\text{GD}} \gg Z \qquad (6-14)$$

式（6-12）～式（6-14）表明，PCC 处的测量阻抗在孤岛后将显著增加，基于此阻抗特征差异可实现孤岛检测。

该方法采用集中扰动注入方式，扰动注入源用并网单相全桥逆变电路实现，扰动发生装置原理结构如图 6-30 所示。

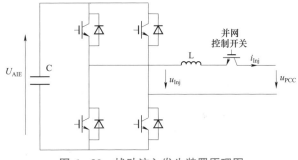

图 6-30　扰动注入发生装置原理图

直流恒压电容C连接单相全桥逆变电路，经过一个较大的耦合电感（电感取值与注入电流大小有关）与PCC点相连。通过控制IGBT的开、关，产生阶跃电压波形，经耦合电感L后形成可控脉冲三角电流波。该注入方法简单直接，对于数台分布式新能源低压系统，可以采用独立注入装置，或者将注入算法嵌入到其中一台分布式新能源控制中；对于较高电压等级多分布式新能源独立供电系统，可以将算法嵌入系统有源滤波器或SVG中。

在注入策略上，采用了过零点注入方法。监测PCC处电压的过零点，在每个或相邻几个过零点向系统注入上述扰动电流i_{Inj}并测量电压u_{PCC}，计算测量阻抗。因注入时段为系统电压过零点时，可使得采集到的PCC电压中原系统电压成分最小化，而有效成分（扰动响应电压成分）最大化，可提高信噪比与测量准确度，同时减小所注入扰动的量级。

同时，采用高频电抗X作为判断孤岛的特征量，高频下容抗被弱化，使得$X=\omega L-1/\omega C$可简化为$X=\omega L=2\pi Lf$，从而实现良好频域电抗线性关系，提高阻抗测算准确度。

由式（6-12）～式（6-14）中孤岛特征量分析可知，$Z'>>Z$，孤岛发生后PCC处的测量阻抗值将出现阶跃上升。取高频电抗X作为孤岛检测的特征量，定义$k=[I_m(Z')-I_m(Z)]/I_m(Z)=(X'-X)/X$，作为孤岛检测动作的判据值。

6.4.2 仿真验证

利用Matlab仿真软件，搭建相应的系统验证该防孤岛保护方法。系统及元件参数如下：

（1）输电线路电压等级110kV，配网系统电压等级35kV，注入与检测装置安装于PCC处。

（2）主网侧：无穷大电源，内阻为0。

（3）网侧变压器：$U_{1N}=110kV$，$U_{2N}=35kV$，额定容量$S_N=125MVA$，$R_1=R_2=8.33\times10^{-4}$（标幺值），$U_k\%=5.0\%$。

（4）并网线路：采用π模型，线路长度8km，$r=0.115\ 3\Omega/km$，$l=1.05\times10^{-3}H/km$。

（5）分布式新能源：永磁直驱风电机组（PMSG），额定功率为2MW×5（5台风电机组所有参数完全一致），输出额定电压$U_N=575V$，功率因数1.0运行。

（6）分布式新能源升压变压器：$U_{1N}=35kV$，$U_{2N}=575V$，$S_N=12.5MVA$，$R_1=R_2=8.33\times10^{-4}$（标幺值，基于自身额定电压与额定容量），$U_k\%=5.0\%$。

（7）本地负荷变压器：与分布式新能源升压变压器参数相同。

（8）本地负荷：采用RLC并联负荷，$U_N=575V$，功率设置为与新能源出力完全匹配。

图 6-31 所示为采用间歇性过零点短时注入PCC处电压和注入电流波形。注入电流峰值为 22.5A，远小于系统运行电流，从电压波形可见对系统电压带来的扰动量较小且扰动时间短。

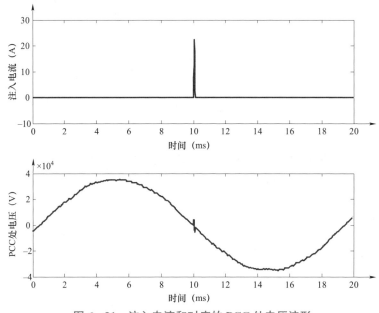

图6-31　注入电流和对应的 PCC 处电压波形

通过滤波、稳态波形削减及FFT算法处理，对电压中的原系统量成分进行滤除，其频域阻抗计算结果如图 6-32 所示。将阻抗Z进行了实/虚部R、X分解，红色虚线为理论阻抗值，蓝色实线为所提算法与等值模型的测算阻抗值。图中显示测算值与理论值保持了较小的计算误差，尤其在高频段，测量电抗X的准确度比R高，且X-f曲线高频段呈现出良好的线性，与理论分析一致。

由图 6-32 中孤岛后频域测量阻抗可见，即便在孤岛后的系统基频电气量动态变化的情景下，本方法的测量阻抗计算值依然有着很高的准确度。选用较高频段的测量阻抗，形成孤岛前后时域的测量阻抗特征曲线如图 6-33 所示。阻抗计算采用了宽频域高频电抗特征量算法。

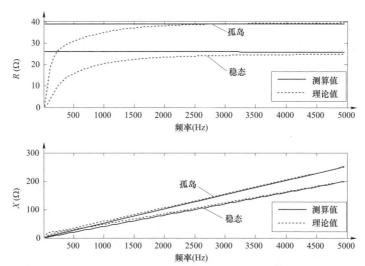

图 6-32　稳态和孤岛情况下频域测量阻抗计算结果

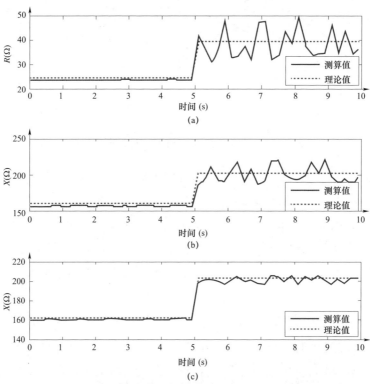

图 6-33　时域在线测量阻抗特征曲线（5s 处孤岛，4000Hz 归算值）

（a）在线阻抗计算的 R 特征曲线；（b）采用固定间隔注入方式下的高频电抗 X 特征曲线；
（c）采用间歇性过零点注入控制的高频电抗 X 特征曲线

通过图 6-33 中理论值、测算值对比及各子图对比可以看出，采用过零点注入法测算系统高频电抗，具有较高的测量精度，适用于孤岛检测，且高频电抗特征量计算显著放大了孤岛前后的特征量差异，提高了孤岛检测灵敏度。

图 6-34 为 5 台风电机组在不同的输出功率场景下的孤岛检测仿真结果。可见在多机条件下，孤岛前后高频电抗特征量仍具有显著的特征量差异，本方法依然有效。

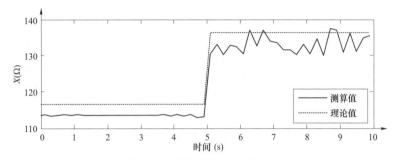

图 6-34 5 台风电机组情况下时域在线测量阻抗特征曲线

第 7 章

工程应用案例分析

本章以河北沧州和西藏措勤分布式新能源供电系统为例，介绍分布式新能源供电系统优化规划、运行控制和能量管理等技术在实际工程中的应用。

7.1 河北沧州并网型分布式新能源供电系统

7.1.1 项目概述

7.1.1.1 地理位置

项目位于河北沧州高新技术产业聚集区明珠商贸城，该商贸城是一家集商品批发零售、物流、仓储为一体的大型商业体，总建筑面积 30 万 m²，包括服装城、日用品城、大卖场、小商品城和仓储建筑等，用电总报装容量 30800kVA，送电容量 25100kVA。

7.1.1.2 电网现状

明珠商贸城的供电电源来自王庄 110kV 变电站，分别由王庄变电站 5511、55A4 等 5 条 10kV 电缆线路送至小商品城、日用品城、大卖场、服装城、小食品城、冷库配电室 10kV 母线。明珠商贸城供电方案如图 7-1 所示。

7.1.1.3 负荷情况

明珠商贸城负荷特性以商业为主，早晚负荷低，趋近于 0，基本是简单照明，6:00 开始负荷逐渐启动，8:00～17:00 维持较高水平，受闭店时间早晚

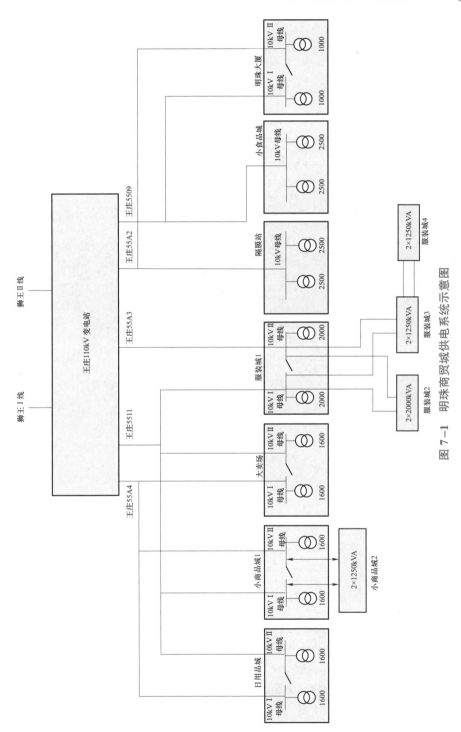

图7-1 明珠商贸城供电系统示意图

影响，负荷下降时间不同，但趋势相同，接近闭店，负荷逐渐下降，直至趋于 0。项目所涉及部分配电室各主变压器低压侧负荷曲线如图 7−2 所示。

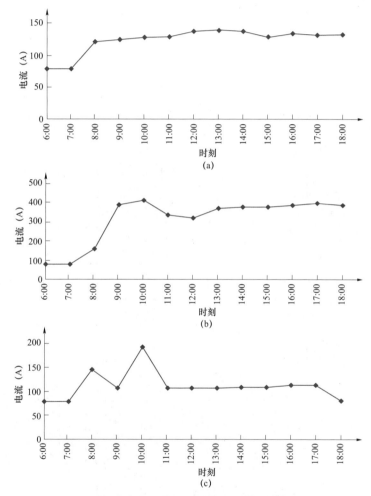

图 7−2　部分主变压器低压侧典型日的负荷电流曲线

（a）服装城 1 号配电室 1 号主变压器低压侧电流曲线；

（b）大卖场配电室 1 号主变压器低压侧电流曲线；

（c）日用品城配电室 1 号主变压器低压侧电流曲线

7.1.2　系统构成

该供电系统建设了 3.5MW 分布式光伏，研发了混合储能系统、能量管理系统、网格化预测与调度系统。

7.1.2.1　光伏发电系统

该光伏发电系统建于沧州明珠商贸城等建筑群屋顶，总功率 3.5MW，采用"自发自用、余电上网"模式。

明珠商贸城屋顶分布式光伏发电系统如图 7-3 所示。光伏组件经直流汇流后，通过组串式光伏并网逆变器并网接入 380V 交流母线。

图 7-3　分布式光伏发电系统

7.1.2.2　混合储能系统

混合储能系统包含铅酸电池和锂电池两种储能类型，其中铅酸电池功率 500kW、容量 1MWh，安装在明珠商贸城 D 座地下一层；锂电池功率 500kW、容量 500kWh，通过集装箱安放在明珠商贸城 D 座建筑旁边。两种类型电池分别通过 500kW 储能变流器逆变后并联运行（见图 7-4）。

7.1.2.3　能量管理系统

能量管理系统可监测和控制的设备包括光伏逆变器和兆瓦级混合储能装置，并可通过集成在一起的能效管理功能实现对商品城柔性负荷（照明、空调）的优化控制。如图 7-5 所示，储能系统和能效管理系统通过光纤/

网线与能量管理系统通信，光伏发电系统因布置分散增加了就地控制器，并通过无线方式与能量管理系统通信。

（a）

（b）

图 7-4　混合储能系统

（a）锂电池集装箱；（b）铅酸电池

7.1.2.4　网格化预测与调度系统

分布式新能源发电网格化预测与调度系统拓扑结构如图 7-6 所示。通过 380/220V 电压等级并网的分布式新能源，以及通过 10（6）kV 电压等级接入用户侧的分布式新能源，采用无线公网通信方式（光纤到户的采用光纤通信方式），统一接入电网公司外网分布式新能源数据采集中心，与用于分布式新能源的数值天气预报，均经反向隔离后接入调度系统。采用基于模糊聚类理论的分布式新能源网格划分方法，实现分布式新能源的网格化管理和功率预测。通过 10（6）kV 电压等级直接接入公共电网，以及通过 35kV 电压等级并网的分布式新能源，采用光纤专线方式接入调度系统。该网格化预测与调度系统，可对各分布式新能源信息进行综合展示以及信息存储，并实现数据的分析功能，以指导电网运行。

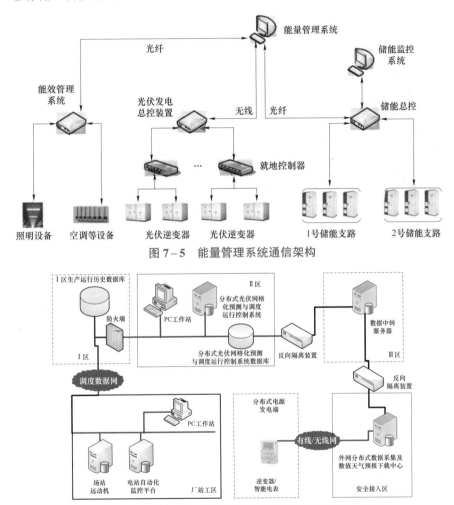

图 7－5　能量管理系统通信架构

图 7－6　分布式新能源发电网格化预测与调度系统拓扑结构

7.1.3　优化配置分析

基于第 3 章介绍的优化规划方法，进行并网型分布式新能源供电系统储能类型的选择和容量优化配置，首先确定光伏发电安装容量，结合全年资源和负荷数据，利用长过程仿真技术确定使供电系统总成本最小的储能系统安装容量。供电系统优化配置计算流程如图 7-7 所示。

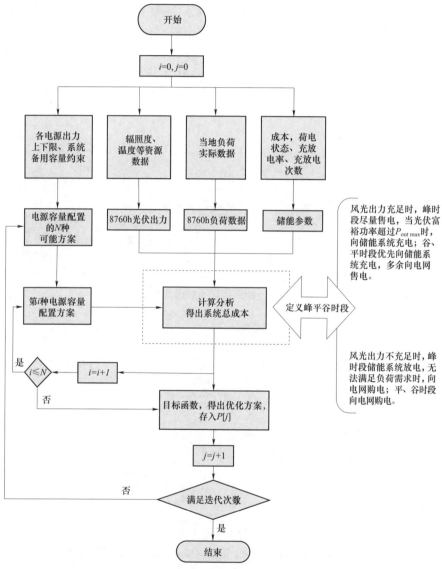

图 7-7　供电系统优化配置计算流程

根据计算，配置了包含铅酸电池和锂电池两种电池类型的混合储能系统，其中铅酸电池功率 500kW、容量 1000kWh，锂电池功率 500kW、容量 500kWh。储能系统配置情况如表 7－1 所示。

表 7－1　　　　　　　　　储能系统配置情况

储能类型	功率（kW）	容量（kWh）
铅酸电池	500	1000
锂电池	500	500

7.1.4　负荷主动需求响应分析

该项目的能量管理系统集成了能效管理子系统，可控制楼宇负荷参与能量优化管理（负荷参与模式包括中断控制模式、周期性暂停控制模式和平移控制模式等），结合负荷调控对电网的影响，如调峰能力、调峰速度、负荷反弹系数等，提出适应于电网、新能源发电需求的楼宇负荷运行模式。

（1）中央空调负荷控制方面，首先建立中央空调系统模型，通过模型仿真确定最优冷却塔出水温度、最优冷凝器风量、最优水泵转速、最优冷冻水供水温度，进行空调节能改造；其次，中央空调控制系统根据能量管理系统下发的实时负荷曲线（见图 7－8）及模拟电价政策，在不影响用户舒适度的前提下对空调系统中可调负荷进行开/断、降负荷等措施，达到空调负荷控制。

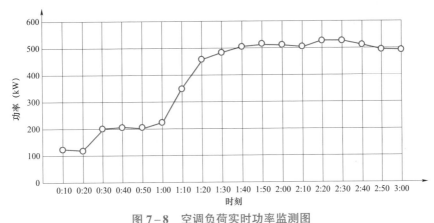

图 7－8　空调负荷实时功率监测图

（2）大楼照明方面，通过定时控制及移动感应控制相结合的方式，对大楼公共区域的 19 个控制回路进行节能改造，保证公共通道如走廊、电梯厅的灯光在上班期间定时开启，下班定时关闭 50% 的灯光，同时自动启动移动感应器，有人走动时开启灯光，人走开后自动关闭，达到节能目的。

7.1.5 并/离网无缝切换分析

并网型分布式新能源供电系统无缝切换测试结构如图 7-9 所示。测试点为外电网侧 380V 节点和供电系统侧储能变流器 1 出口侧和混合储能系统并网点。测量信号为外部电网电压、电流，供电系统侧电压、电流。

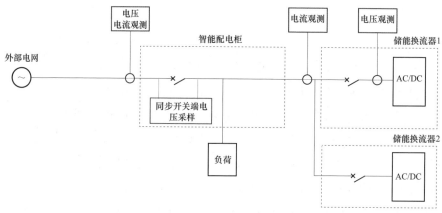

图 7-9 并网型分布式新能源供电系统无缝切换测试结构

7.1.5.1 并网转孤岛

并网转孤岛无缝切换测试步骤如下：

（1）变流器并网工况下，设置 0、300kW、500kW 不同放电或充电功率值，两台变流器下垂系数均为 4。

（2）分别接 0、300kW、500kW 不同负荷。

（3）断开开关 K1，观测供电系统电压、电网电压，负荷电流、电网电流波形。

图 7-10 展示了变流器在不同充/放电功率分别接不同负荷时，由并网转为孤岛独立供电状态的电压与电流变化。可以看出电网断开后储能系统可以不间断地提供连续电压支撑，负荷电压和负荷电流不存在畸变。

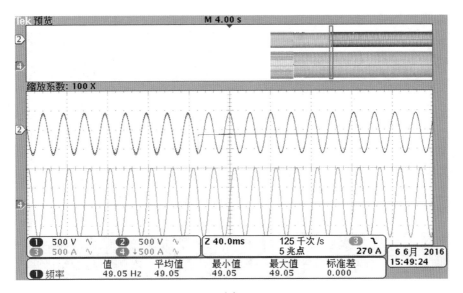

（a）

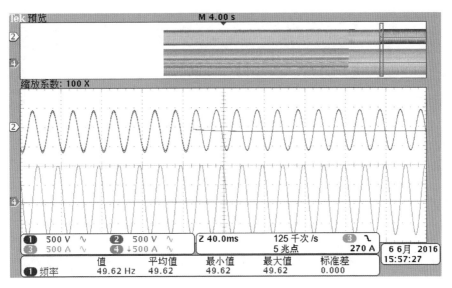

（b）

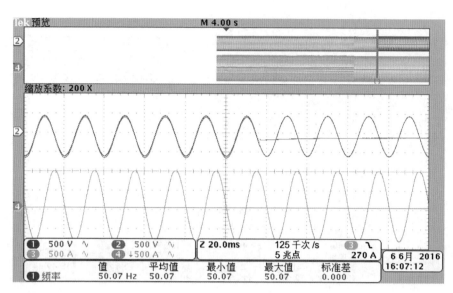

（c）

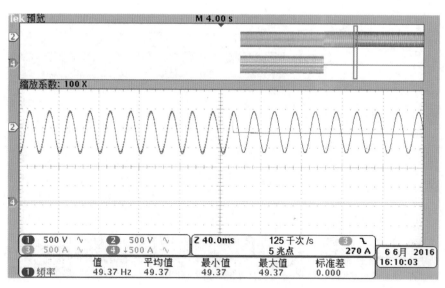

（d）

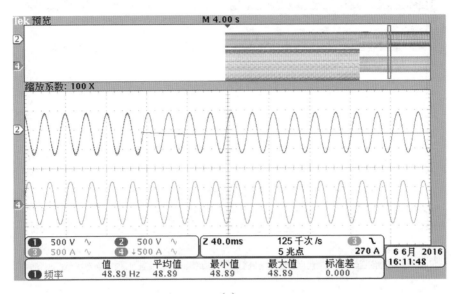

（e）

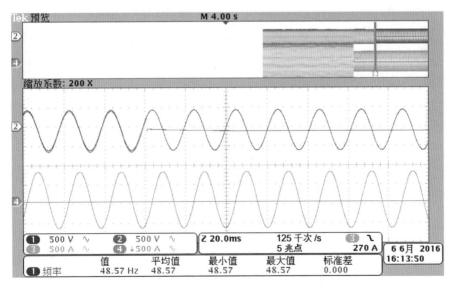

（f）

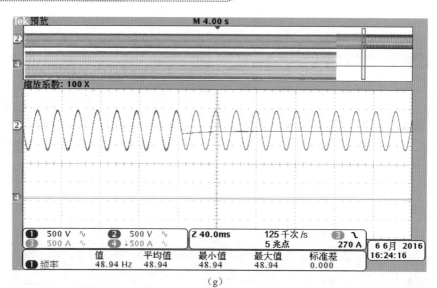

(g)

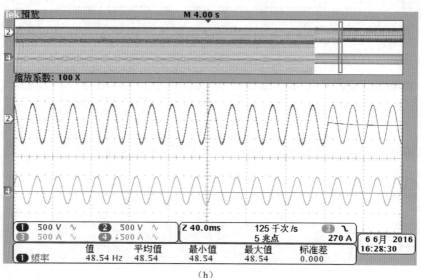

(h)

图 7-10　系统由并网放电转为独立供电时的电压/电流变化

（a）并网功率 0，负荷功率 500kW；（b）并网功率 300kW，负荷功率 500kW；

（c）并网功率 500kW，负荷功率 500kW；（d）并网功率 300kW，负荷功率 0；

（e）并网功率 300kW，负荷功率 300kW；（f）并网功率 300kW，负荷功率 400kW；

（g）并网功率 500kW，负荷功率 0；（h）并网功率 500kW，负荷功率 200kW

通道 1——变流器输出电压；通道 2——电网电压；通道 3——负荷电流；通道 4——电网电流

7.1.5.2　孤岛转并网

孤岛转并网无缝切换测试步骤如下：

（1）储能系统接不同负载独立逆变运行，同时设置好不同的并网充放电功率。

（2）接入电网。

（3）观测供电系统电压、电网电压，负载电流、电网电流波形。

图 7-11 展示了变流器在不同充/放电功率分别接不同负荷时，由孤岛独立供电转为并网状态的电压与电流变化。储能系统检测到外电网电压恢复时，开始与外部电网电压同步，当输出电压的幅值和相位与电网电压一致后，闭合智能配电柜电网侧同步开关 K1。

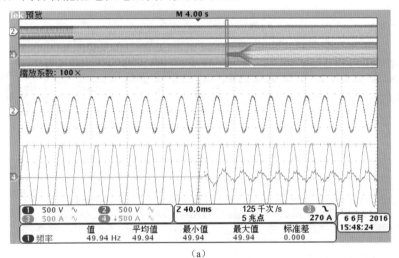

（a）

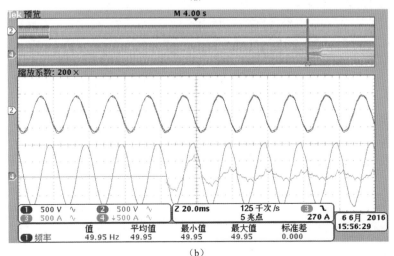

（b）

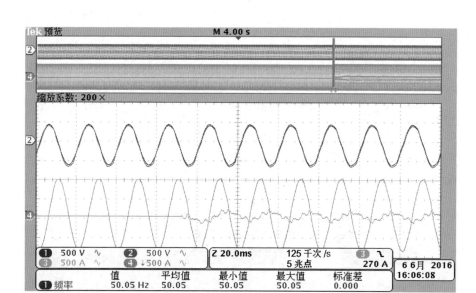

（c）

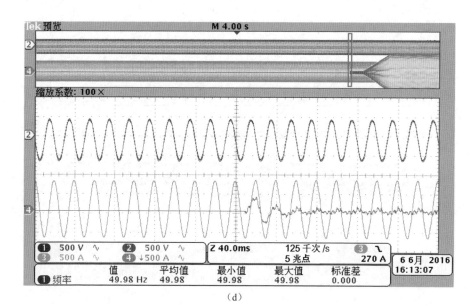

（d）

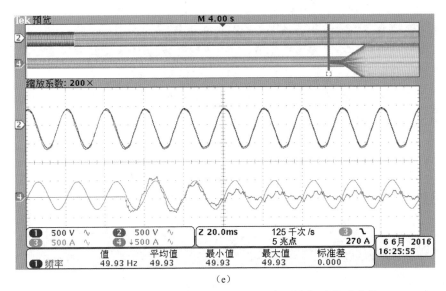

（e）

图 7−11　系统由独立供电转为并网充电时的电压/电流变化

（a）并网功率 0，负荷功率 500kW；（b）并网功率 300kW，负荷功率 500kW；
（c）并网功率 500kW，负荷功率 500kW；（d）并网功率 300kW，负荷功率 400kW；
（e）并网功率 500kW，负荷功率 200kW

通道 1——变流器输出电压；通道 2——电网电压；通道 3——负荷电流；通道 4——电网电流

7.1.6　工程运行情况

（1）光伏发电出力曲线。供电系统中分布式光伏发电典型运行曲线如
图 7−12 所示，分布式光伏发电系统的出力时间集中在 7:00～18:00，中午

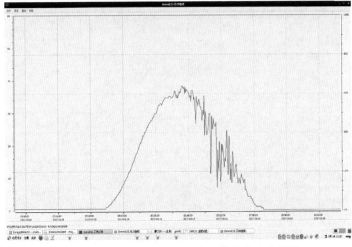

图 7−12　明珠商贸城分布式光伏发电出力曲线

时分达到最大。同时光伏发电出力随着辐照度等环境因素的变化而变化，上午为晴朗天气，出力比较光滑，下午为多云天，由于受到云层遮挡，辐照度数据变化大，导致光伏发电出力降低且短时间波动大。

（2）混合储能运行曲线。混合储能系统可以根据控制策略对锂电池和铅酸电池进行充放电控制，示范工程现场通过能量管理系统对其出力进行了控制，锂电池系统和铅酸电池系统的出力控制曲线如图 7-13 和图 7-14 所示，其中曲线 1 是给定值，曲线 2 是实际出力值。

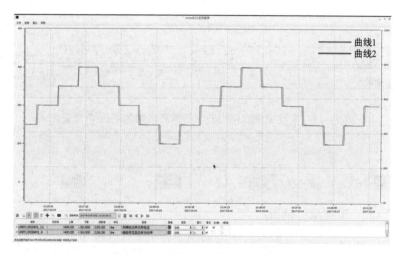

图 7-13　锂电池系统控制运行曲线

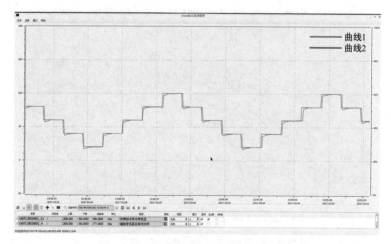

图 7-14　铅酸电池系统控制运行曲线

7.2　西藏措勤县分布式新能源独立供电系统

7.2.1　项目概述

7.2.1.1　自然条件

措勤县位于冈底斯山北麓与羌塘高原南部交汇处，是阿里地区最东南的一个县，全县南北长约 220km，东西宽约 128km，距拉萨市 977km，距阿里地区行署所在地狮泉河镇 775km，总面积约 2.24 万 km²，全县平均海拔 4700m。

7.2.1.2　电网现状

2014 年，措勤县城最大负荷需求 670kW，年用电量需求 140 万 kWh。由于县城距拉萨和阿里电网均较远，短期内无法与外部电网相连。县城原有独立供电系统主要包括 3 台 320kW 小水电机组和 20 世纪 90 年代修建的 40kW 光伏电站，但由于小水电站供电频率质量差且冬季枯水期基本无出力，光伏电站年久失修且容量太小，县城只能分时、分户供电，大多数用户无电可用。

7.2.2　系统构成

措勤县兆瓦级分布式新能源独立供电系统主要包括小型水电站、光伏发电系统、风力发电系统、铅酸储能系统、锂电池储能系统及备用柴油发电机。独立供电系统拓扑结构如图 7-15 所示。

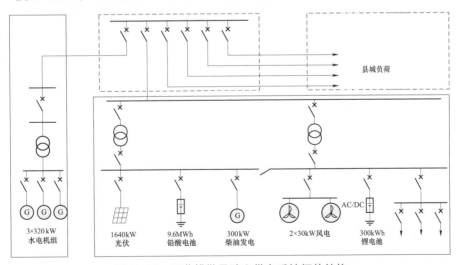

图 7-15　西藏措勤县独立供电系统拓扑结构

7.2.2.1　小型水电站

小型水电站坝址控制流域面积 8140km²，径流补给主要为降水和冰雪融水。电站总装机 3×320kW，3 台机组并联运行，升压接入措勤县 10kV电网。在该项目建成之前，措勤县主要由该小水电站供电，夏季电力供应较为充足，但是频率波动较为显著，最大可达±4Hz，而每年 10 月至次年5 月是冬季枯水期，水电站出力很小甚至退出运行，县城供电严重受限。

在项目建成之后，小水电站在夏季作为整个独立供电系统的组网单元之一，建立系统的电压和频率，为避免控制振荡，3 台机组带不同频率死区参与系统调频；冬季退出运行，水电站如图 7-16 所示。

图 7-16　小型水电站

7.2.2.2　光伏发电系统

光伏发电系统装机容量 1640kW，通过 3 台 630kW（高海拔降容至500kW）和 2 台 100kW 光伏逆变器并网。能量管理系统可对每一台并网逆变器进行有功功率和无功功率控制。光伏电站如图 7-17 所示。

7.2.2.3　风力发电系统

措勤县夏季风小冬季风大，与光资源正好相反，风、光资源具备一定的互补性，因此该项目建设了 2 台 30kW 的风力发电系统。由于小型风电机组有功功率可控性较差，能量管理系统采取启停方式进行有功控制。小型风电机组如图 7-18 所示。

图 7−17 光伏电站

图 7−18 小型风电机组

7.2.2.4 混合储能系统

铅酸储能系统容量为 9600kWh，通过两台 630kVA（高海拔降容至 500kVA）变流器接入电网；锂电池储能系统容量为 300kWh，通过一台 630kVA（高海拔降容至 500kVA）变流器接入电网。混合储能系统在夏季与小水电共同组网协调运行，在枯水期独立建立系统的电压和频率，实现系统的稳定运行。混合储能系统如图 7−19 所示。

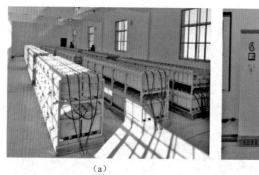
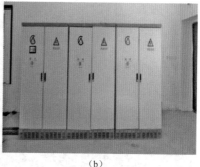

（a）　　　　　　　　　　　　　　　　（b）

图7－19　混合储能系统

（a）铅酸电池组；（b）锂电池储能柜

7.2.2.5　柴油发电机

为保障独立供电系统在极端气候下的可靠供电，新建300kW柴油发电机作为冷备用，当冬季持续阴天、下雪天气下，小水电和光伏出力不足时，并网向储能系统充电，提高供电系统供电充裕性。柴油发电机如图 7－20 所示。

图7－20　柴油发电机组

7.2.3　频率控制策略

措勤县独立供电系统由多个分布式电源组成，为提高系统频率供电质量，各分布式电源共同参与系统频率控制。独立供电系统采用功频分区间频率控制方法，根据各分布式电源的调频能力和调频宽带，将独立供电系统的整个运行频率和功率划分为若干个区间,分配给不同的分布式电源,每个分布式电源根据自身的调频特性和规定的功频区间,自动参与系统频率控制,进而实现多电源调频控制协调配合,具体控制原理如图 7-21 所示。

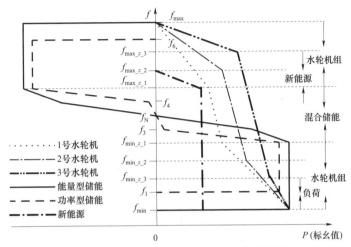

图 7-21　独立供电系统功频分区控制曲线

设整个独立供电系统的频率运行区间为 $[f_{min}, f_{max}]$,$[f_{min\_z\_1}, f_{max\_z\_1}]$ 为 1 号小型水轮机组调频控制死区,$[f_{min\_z\_2}, f_{max\_z\_2}]$ 为 2 号小型水轮机组调频控制死区,$[f_{min\_z\_3}, f_{max\_z\_3}]$ 为 3 号小型水轮机组调频控制死区。并假定 $f_{max\_z\_1} < f_{max\_z\_2} < f_{max\_z\_3}$,且 $f_{min\_z\_1} > f_{min\_z\_2} > f_{min\_z\_3}$。

(1)当系统频率运行区间为 $[f_{min\_z\_1}, f_{max\_z\_1}]$ 时,充分利用混合储能变流器控制精度高的特点,将该区间定义为混合储能变流器功频调节区间。

(2)当系统频率上升至区间 $[f_{max\_z\_1}, f_{max\_z\_2}]$ 时,发挥水轮机组过流能力强和新能源并网变流器控制灵活的优点,储能变流器由下垂模式切换到 P/Q 模式,按照预先设定的给定功率恒功率运行,新能源按照规定的控制方式运行,参与系统频率调节,同时 1 号水轮机组启动调频功能;当系统频率继续上升至 $[f_{max\_z\_2}, f_{max\_z\_3}]$ 时,储能变流器按照设定值恒功率运行,新能源机组过频保护动作退出运行,1、2 号水轮机组启动调频功能;当系统频率上升至 $[f_{max\_z\_3}, f_6]$ 时,1、2、3 号水轮机组同时启动调频功能;当系统频率上升至 $[f_6, f_{max}]$ 时,功率型储能变流器过频保护动作退出运行,1、

2、3 号水轮机组同时启动调频功能。

（3）当系统频率下降至区间[$f_{min\_z\_2}$，$f_{min\_z\_1}$]时，储能变流器由下垂模式切换到 P/Q 模式，按照预先设定的给定功率恒功率运行，新能源按照 MPPT 方式并网运行，不参与系统频率调节，同时 1 号水轮机组启动调频功能；当系统频率降至[$f_{min\_z\_3}$，$f_{min\_z\_2}$]时，储能变流器按照设定值恒功率运行，1、2 号水轮机组同时启动调频功能；当系统频率降至[f_1，$f_{min\_z\_3}$]时，1、2、3 号水轮机组同时启动调频功能；当系统频率降至[f_{min}，f_1]时，功率型储能变流器欠频保护动作退出运行，1、2、3 号水轮机组同时启动调频功能。

（4）当系统频率运行区间为：$f_t > f_{max}$ 或 $f_t < f_{min}$ 时，所有机组启动过频或欠频保护，系统停运。

图 7-22 中的（a）和（b）为混合储能变流器在实验室开展控制在环数模混合仿真实验的结果，验证了混合储能变流器一次调频过程中功率自动分配以及独立供电系统频率有效调节。图 7-22 中的（c）和（d）为措勤县独立供电系统某天实际运行电压和频率的电能质量，由图可知，措勤县供电质量得到明显提升，频率偏差由之前的±4Hz 缩小为±0.5Hz，频率合格率提高 10%以上。

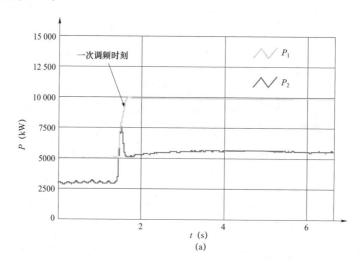

(a)

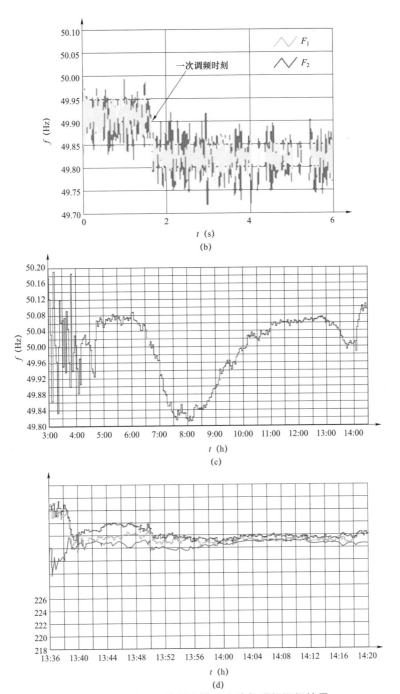

图 7－22　独立系统频率控制实验与现场运行结果

（a）混合储能逆变器有功输出波形；（b）混合储能逆变器运行频率波形；（c）系统频率；（d）系统电压

7.2.4 能量管理策略

综合考虑经济性与环境因素，该项目的整体调度策略如下：

（1）由于风电和光伏利用的是可再生能源资源，初始投资完成后，风电和光伏在运行过程中，不直接消耗燃料，环境污染小，因此经济调度模型中忽略风电和光伏的发电成本，优先利用风电和光伏出力，风电和光伏采用最大功率跟踪控制。

（2）考虑到长期孤岛运行，独立型供电系统中一般包含柴油发电机等备用电源，但是由于成本高、环境和噪声污染，柴油发电机不宜长时间开启，系统中还是主要依靠储能设备作为调节单元，柴油发电机必须与储能设备优化配合，保证储能设备的荷电状态维持在正常范围内。因此，独立供电系统的能量管理需要优化柴油发电机的开停机计划，合理安排储能装置的充放电。

（3）独立供电系统主要依靠储能装置作为组网单元，因此，独立供电系统的能量管理需要采取一定的策略保证供电系统中储能组网单元时刻保持足够的调节裕度，维持系统的功率平衡，从而保证供电系统的安全稳定运行。

为了合理安排柴油发电机备用电源的开停机和储能装置的合理充放电，维持储能组网单元的调节裕度，实现独立供电系统的安全经济运行，措勤县独立供电系统采用基于多时间尺度协调控制的能量管理策略。将能量管理划分为三个阶段，在日前机组优化启停阶段，综合考虑了储能元件的全生命周期折算费用、储能组网单元的功率调节裕度、需求响应或需求侧管理等因素，合理安排各元件的开停机计划；在日内经济优化调度阶段，提出了基于模型预测控制的在线滚动式能量管理策略，对日前调度结果进行修正；在调度计划实时调整阶段，采取一定的措施保证储能组网单元时刻保持足够的调节裕度。通过三个阶段的协调配合，最终能够实现独立供电系统的安全经济运行。

7.2.4.1 日前机组启停优化模型

1. 元件成本模型

（1）柴油发电机。柴油发电机每个时间段的运行成本由启停机损耗费用、燃料消耗费用以及污染物排放造成的环境污染治理成本等几部分构成：

$$F_{\text{DE}} = \sum_{m \in M_{\text{DE}}} [(sw_{m,\text{on}}^t d_{m,\text{on}} + sw_{m,\text{off}}^t d_{m,\text{off}}) + u_m^t f_{\text{DE}}(P_m^t \Delta T) + u_m^t h_{\text{DE}}(P_m^t \Delta T)] \quad (7-1)$$

式中　　　　F_{DE}——柴油发电机的运行成本；

ΔT——每个时间段的时间间隔，$\Delta T = 15\text{min}$；

M_{DE}——独立供电系统内柴油发电机集合（字母 m 表示其中第 m 台柴油发电机）；

$sw^t_{m,on}$、$sw^t_{m,off}$——二进制变量，是柴油发电机 m 的启停机状态转换变量，$sw^t_{m,on}=1$ 表示发电机 m 在 t 时段由停机状态转为开机状态，$sw^t_{m,off}=0$ 表示发电机 m 在 t 时刻由开机状态转为停机状态；

$d_{m,on}$——发电机 m 的启动成本；

$d_{m,off}$——发电机 m 的停机成本；

u^t_m——二进制变量，表示发电机 m 的开停机状态，$u^t_m=1$ 表示发电机 m 在 t 时段处于开机状态，$u^t_m=0$ 表示发电机 m 在 t 时段处于停机状态；

P^t_m——发电机组 m 在 t 时段的出力值；

h_{DE}——柴油发电机单位电量排放的污染物惩罚系数；

f_{DE}——柴油发电机的出力成本。

柴油发电机应满足的约束条件包含柴油机组出力限值约束、机组爬坡率约束及机组最小启停机时间约束等。柴油发电机的出力限值约束为

$$u^t_m P_{min} \leqslant P^t_{DE} \leqslant u^t_m P_{max} \tag{7-2}$$

式中　P_{max}、P_{min}——柴油机组的最大和最小出力限值；

P^t_{DE}——柴油发电机在 t 时段的出力值。

柴油发电机出力的爬坡率约束为

$$-R_{ui}\Delta T \leqslant P^t_{DE} - P^{t-1}_{DE} \leqslant R_{ui}\Delta T \tag{7-3}$$

式中　R_{ui}——柴油机组的爬坡速率；

ΔT——时间间隔。

在该模型中，为限制柴油发电机组的频繁启停机操作，设置最小停机时间约束和最小启机时间约束。最小停机时间约束为

$$sw^t_{m,on} + \sum_{i=1}^{k_{on}} sw^{t+i}_{m,off} \leqslant 1 \tag{7-4}$$

式中　k_{on}——柴油发电机启机后，须连续运行的时间长度。

最小启机时间约束为

$$sw_{m,\text{off}}^t + \sum_{i=1}^{k_{\text{off}}} sw_{m,\text{on}}^{t+i} \leq 1 \qquad (7-5)$$

式中　k_{off}——柴油发电机停机后，须连续停机的时间长度。

柴油机组自身还满足一定的机组启停逻辑约束有

$$u_m^{t-1} - sw_{m,\text{off}}^t \leq u_m^t \leq u_m^{t-1} + sw_{m,\text{on}}^t \qquad (7-6)$$

$$0 \leq sw_{m,\text{on}}^t + sw_{m,\text{off}}^t \leq 1 \qquad (7-7)$$

在柴油机组连续运行或者连续处于停机状态时，二进制变量 $sw_{m,\text{on}}^t$ 和 $sw_{m,\text{off}}^t$ 同时为 0，但在启停机操作时，两者不可同时为 1。

（2）储能装置。独立供电系统中的储能设备大多为电化学储能装置，设备成本较高且充、放电循环寿命有限，其使用状况直接影响了整个系统运行的经济性。储能装置的使用寿命与其荷电状态水平、充放电深度等因素有关。在独立供电系统的经济优化调度中，对储能装置的成本建模，要综合考虑各种因素对蓄电池使用寿命的影响，引导蓄电池的合理应用，延长其寿命周期，降低独立供电系统的经济成本。

储能装置运行成本 F_{ES}^t 由充放电维护费用 $f_{\text{FD}}(P_l^t)$ 以及设备寿命损耗费用 F_{SH}^t 组成

$$F_{\text{ES}}^t = \sum_{l \in M_{\text{ES}}} (|u_{\text{FD},l}^t d_{\text{FD}} P_l^t| + F_{\text{SH}}^t) = \sum_{l \in M_{\text{ES}}} \left[f_{\text{FD}}(P_l^t) + F_{\text{SH}}^t \right] \qquad (7-8)$$

式中　M_{ES}——储能装置的集合；

　　　$u_{\text{FD},l}^t$——储能装置 l 在 t 时段内的运行状态，$u_{\text{FD},l}^t$ 为 1 时表示储能装置处于放电状态，$u_{\text{FD},l}^t$ 为 –1 表示储能设备处于充电状态；

　　　P_l^t——储能装置 l 在 t 时段内充放电功率的大小，取正值；

　　　d_{FD}——储能装置 l 在 t 时段内的充放电维护费成本。

为限制储能装置充放电状态频繁转换对设备寿命的影响，引导储能装置在每个充放电循环中均进行深度充放电，提高其使用效率，将储能装置的寿命损耗用全生命周期费用 F_{SH}^t 折算，即将储能装置的初始投资费用 f_{TZ} 折算到装置运行的每次充放电循环中。

2. 日前机组优化启停模型

独立供电系统独立运行时，在满足重要负荷不间断供电条件下，应充分考虑到经济性与调度策略合理性等因素，建立日前机组优化启停模型，优化独立供电系统内各个元件的启停状态，使独立供电系统的运行收益最高。

系统还要满足功率平衡约束

$$P_{\text{wt}}^t + P_{\text{pv}}^t + \sum_{m \in M_{\text{DE}}} u_m^t P_m^t + \sum_{l \in M_{\text{ES}}} u_{\text{FD},l}^t P_l^t = P_{\text{LD}}^t + P_{\text{loss}}^t \tag{7-9}$$

式中　P_{wt}^t、P_{pv}^t——风电、光伏在 t 时段的出力值；

　　　P_{LD}^t——负荷在 t 时段消耗的功率值；

　　　P_{loss}^t——整个独立供电系统的网损。

7.2.4.2　日内优化调度模型

1. 目标函数

根据可再生能源与负荷超短期预测的时间尺度，取日内预测的时段与优化控制的时段均为 4h，每个离散时刻的间隔取 15min，即 $N_p = N_c = 16$，$\Delta T = 15\text{min}$。在当前时刻 k，系统的优化目标为，降低系统的运行成本，同时优化储能装置参与系统能量平衡的能力，如式（7-10）所示。

$$\min\ F(\boldsymbol{U}, k) = \sum_{t=k}^{k+N-1} \left(F_{\text{ES}}^t + F_{\text{DE}}^t + F_{\text{LD}}^t \right) \tag{7-10}$$

式中　F_{DE}^t——日内优化调度模型中柴油发电机的运行成本；

　　　F_{LD}^t——负荷运行成本；

　　　F_{ES}^t——储能装置的运行成本。

F_{DE}^t 的表达式为

$$F_{\text{DE}}^t = \sum_{m \in M_{\text{DE}}} \left[\left(sw_{m,\text{on}}^t d_{m,\text{on}} + sw_{m,\text{off}}^t d_{m,\text{off}} \right) + u_m^t f_{\text{DE}} (P_m'^t \Delta T) \right] \tag{7-11}$$

式中　$P_m'^t$——日内优化模型中 t 时刻柴油发电机 m 的输出功率。

柴油发电机 m 的启停状态和运行状态均遵循日前机组优化启停的结果，为已知变量，$P_m'^t$ 为求解变量。

由于日内优化调度模型的优化目标为系统的运行成本最低，所以以日内优化模型中只计负荷的运行成本，F_{LD} 的表达式为

$$F_{\text{LD}}^t = \Delta T \left[d_{\text{cut}} (P_{\text{CLD}}^t - P_{\text{cut}}^t) + \mu_{\text{shif}} d_{\text{LD}} P_{\text{shif}}^t + d_{\text{con}} P_{\text{con}}'^t \right] \tag{7-12}$$

式中　　　d_{cut}——可中断负荷的赔偿系数；

　　　　　P_{CLD}^t——可中断负荷的功率预测值；

P_{cut}^t、P_{shif}^t、$P_{\text{con}}'^t$——t 时段可中断负荷、可平移负荷、日内弹性负荷的

实际功率；

μ_{shif}——可平移负荷的电价折扣系数；

d_{con}——弹性负荷的启动成本系数。

可中断负荷和可平移负荷的启停时间均遵循日前机组优化启停的结果，$P_{\text{con}}'^t$ 为求解变量。

日内储能装置的运行成本 F_{ES}^t 表达式为

$$F_{\text{ES}}^t = \sum_{l \in M_{\text{ES}}} \left[u_{\text{FD},l}''^t f_{\text{om}} (P_l'^t \Delta T) + \lambda_{soc} (SOC_l - SOC_l')^2 \right] \qquad (7-13)$$

式中　　$u_{\text{FD},l}''^t$——日内储能装置 l 的放电状态；

f_{om}——日内储能装置的出力成本；

$P_l'^t$——储能装置 l 的输出功率；

SOC_l、SOC_l'——储能装置 l 日前和日内优化调度过程中计算得到的剩余电量；

λ_{SOC}——储能荷电状态拟合权重系数。

由于日内优化调度模型的优化区间是 4h，储能装置能保证其在 4h 内荷电状态不越限，但在 24h 内其不一定是最优的，因此，不计储能的充放电循环费用，式（7-13）中增加最后一项，使日内储能装置的荷电状态尽可能遵循按日前计划优化得到的荷电状态曲线，保证储能装置在长时间尺度内参与系统能量平衡的能力。但是储能荷电状态拟合权重系数 λ_{SOC} 的选取需根据系统内可再生能源出力和负荷曲线的特点进行合理选择。

式（7-10）的决策变量 U 为包含整个控制区间上的控制变量，即

$$U^{(t)} = \left[u^t(k)^{\text{T}} \quad u^t(k+1)^{\text{T}} \cdots \quad u^t(k+N-1)^{\text{T}} \right]^{\text{T}} \qquad (7-14)$$

对 t 时段内的每个离散时刻 k，控制变量 $u^t(k)$ 包括所有可控电源（柴油机、储能）的输出功率及弹性负荷的功率

$$u^t(k) = \left[P_{\text{DE},m}'^t, \ P_{\text{ES},l}'^t, \ P_{\text{con}}'^t, \ u_{\text{ES,ch},l}'', \ u_{\text{ES,FD},l}'' \right]^{\text{T}} \qquad (7-15)$$

式中　　$P_{\text{DE},m}'^t$——t 时段内柴油机 m 的输出功率；

$P_{\text{ES},l}'^t$——t 时段内储能装置 l 的功率；

$P_{\text{con}}'^t$——t 时段内弹性负荷的功率；

$u_{\text{ES,ch},l}''$——t 时段内储能装置 l 的充电状态；

$u_{\mathrm{ES,FD},l}^{\prime t}$——$t$ 时段内储能装置的放电状态。

2. 约束条件

（1）柴油机运行功率上下限约束和爬坡率约束。

（2）储能功率约束，荷电状态约束。

（3）功率平衡约束

$$P_{\mathrm{wt}}^{\prime t}+P_{\mathrm{pv}}^{\prime t}+\sum_{m\in M_{\mathrm{DE}}}u_m^t P_m^{\prime t}+\sum_{l\in M_{\mathrm{ES}}}u_{l,\mathrm{ch}}^t P_l^{\prime t}=P_{\mathrm{LD}}^{\prime t}+\sum_{l\in M_{\mathrm{ES}}}u_{\mathrm{FD},l}^t P_l^{\prime t}+P_{\mathrm{loss}}^{\prime t} \qquad (7-16)$$

式中　$P_{\mathrm{wt}}^{\prime t}$、$P_{\mathrm{pv}}^{\prime t}$——基于超短期预测的风电、光伏在 t 时段内的有功功率平均值；

$P_{\mathrm{LD}}^{\prime t}$——负荷在 t 时消耗的功率值；

$P_{\mathrm{loss}}^{\prime t}$——整个独立供电系统的网损。

（4）电能质量约束：除上述约束外，还需满足系统的电能质量约束，结合独立供电系统的拓扑结构，保证各节点电压不越限。

该系统潮流计算结果需满足电压约束方程

$$0.93\leqslant U_j^*\leqslant 1.07 \qquad (7-17)$$

式中　U_j^*——独立供电系统内各节点的电压标幺值。

7.2.4.3　调度计划实时调整

下垂控制储能装置的容量可以看成由两部分组成，一部分容量用来充当 PQ 型储能装置，在利用日内优化调度模型求解储能装置的输出功率时，已经考虑了这部分储能装置的荷电状态，保证其不越上下限；储能装置的另外一部分容量用来充当 VF 型储能，在独立供电系统的运行过程中，要时刻注意这部分储能装置的荷电状态是否越限。图 7-23 表示下垂控制储能装置的荷电状态实时控制图。

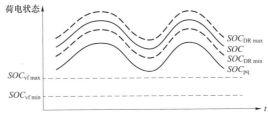

图 7-23　下垂控制储能装置的荷电状态实时控制图

图中，SOC_{pq} 为 PQ 型储能的实时荷电状态，$SOC_{\mathrm{vf\,max}}$、$SOC_{\mathrm{vf\,min}}$ 分别为 VF 型储能的荷电状态上、下限，SOC、$SOC_{\mathrm{DR\,max}}$、$SOC_{\mathrm{DR\,min}}$ 分别为

下垂控制储能装置的实时荷电状态与荷电状态上、下限，且 $SOC_{\text{DR max}} = SOC_{\text{vf max}} + SOC_{\text{pq}}$、$SOC_{\text{DR min}} = SOC_{\text{vf min}} + SOC_{\text{pq}}$，在运行过程中需保证下垂控制储能装置的实时荷电状态不超过其上下限。

通过日前机组优化启停、日内经济优化调度和调度计划实时调整，理论上能够实现独立供电系统的安全经济运行，但是由于措勤县独立供电系统地处偏远，生活条件恶劣、能量管理系统可靠性低，设备维护不及时、能量管理系统上层主机及通信故障造成的供电系统全停都会影响供电可靠性。因此，为了保证负荷可靠供电，采用双层能量管理系统，这样可在能量管理系统失效情况下保证供电系统的自主运行，提升了供电的充裕性和运行的鲁棒性。图 7-24 表示独立供电系统自主运行原理图。

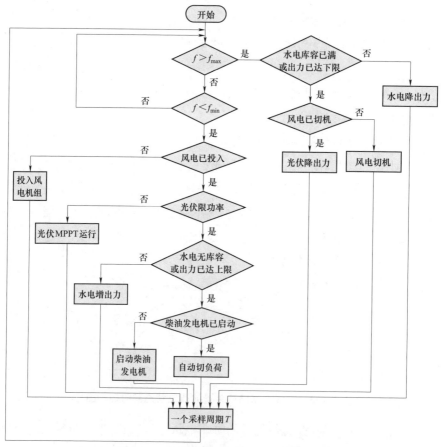

图 7-24　独立供电系统自主运行原理图

7.2.5　工程运行情况

2014 年 11 月，独立供电系统建成时，共建有 3 条电源进线、4 条负荷出线构成 10kV 电网，覆盖县城 4 条街道和周边部分村庄，为 4000 多城镇居民和牧民供电。2017 年，电网进行了扩建，可为周边 4 个乡镇供电，最远距离达 50km，建设 10kV 线路超过 100km，最大负荷达 1200kW。

独立供电系统自投运以来，一直稳定可靠运行，图 7-25 给出了措勤县独立供电系统典型日各电源运行曲线图。

由图 7-25（a）、（b）可以看出，冬季枯水期，小水电出力为零，由光伏发电和混合储能给县城供电，系统可稳定运行。由图 7-25（c）、（d）可以看出，在小水电正常发电期间，光伏、混合储能和小水电组网协调运行，共同给县城供电。而且，当分布式光伏出力大于小水电出力时，独立供电系统也能够保持稳定运行，实现了水电站与新能源发电的电力电量互补，有效减少了弃水、弃光，实现了对措勤县城的 24h 连续供电。

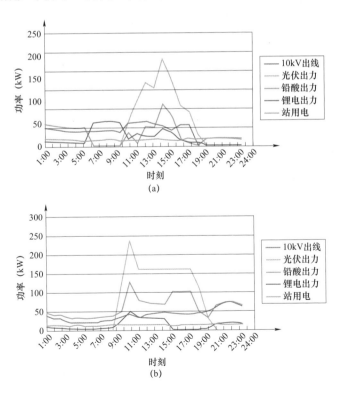

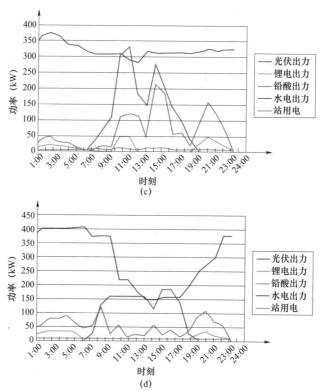

图 7-25　措勤县独立供电系统典型日各电源运行曲线图

（a）3月1日运行曲线；（b）3月5日运行曲线；
（c）8月5日运行曲线；（d）8月9日运行曲线

第 8 章

并 网 技 术 要 求

目前，国内外均已经出台了一系列分布式新能源与微电网并网标准，如 IEEE 1547 系列标准、英国 BS EN 50549—1：2019 与 BS EN 50549—1：2019、德国《发电系统接入中压电网并网规范》（VDE－AR－N 4110）和《发电系统接入低压配电网并网指南》（VDE－AR－N 4105）、加拿大《基于逆变器的微电源并网标准》（C22.2 NO.257）和《分布式电力供应系统并网标准》（C22.3 NO.9）、澳大利亚《采用逆变器并网能源系统技术要求》（AS4777）、国际电工委员会《农村电气化用小型可再生能源与混合系统的推荐规范》（IEC/TS 62257）、我国《分布式电源并网技术要求》（GB/T 33593—2017）等。各个国家和组织的标准存在着一定的差异，国际上也缺乏具有统一约束力的分布式新能源与微电网并网标准。

本章首先介绍国内外主要分布式新能源与微电网并网技术标准现状，然后详细介绍一些代表性标准的重点条款，最后将其进行对比分析，以对我国和国际上分布式新能源与微电网标准的现状及发展趋势进行深入剖析。

8.1 国 外 相 关 标 准

8.1.1 IEEE 1547 系列标准

IEEE 1547 是最早发布的针对分布式电源并网的标准，借鉴了 IEEE 929、IEEE 519、IEEE 1453、IEC EMC series 61000 和 ANSI C37 等系列标

准，于 2003 年由美国电气与电子工程师协会（IEEE）正式出版。IEEE 1547 标准颁布之后，获得了众多国家（尤其是北美国家）的广泛认可，许多国家的分布式电源标准都有所参考和借鉴。

IEEE 1547 制定了关于光伏发电、小型风电、燃料电池和储能装置等分布式电源并网运行的系列标准，给出了分布式电源性能、运行、测试等方面的技术要求，以及用于分布式电源控制和通信设备生产与维修方面的安全要求。

IEEE 1547 系列标准包括表 8−1 所列标准。

表 8−1   IEEE 1547 系 列 标 准

序号	名　　称	标准号
1	分布式电源并网标准	IEEE 1547
2	分布式电源设备接入电力系统的测试程序标准	IEEE 1547.1
3	分布式电源并网标准应用指南	IEEE 1547.2
4	分布式电源并网的监测、信息交换与控制导则	IEEE 1547.3
5	分布式电源独立系统的设计、运行及并网导则	IEEE 1547.4
6	容量超过 10 MVA 的分布式电源接入输电网技术导则	IEEE 1547.5
7	分布式电源接入次级配电网的推荐实施规程建议	IEEE 1547.6
8	分布式电源并网对配电网影响研究指南	IEEE 1547.7
9	为 IEEE 1547 标准扩展应用提供支撑方法和步骤的规程草案	IEEE P1547.8
10	储能型分布式电源并网导则草案	IEEE P1547.9

其中，2011 年 7 月发布的 IEEE 1547.4—2011 较为全面地介绍了微电网（该标准中将其称为分布式电源独立孤岛供电系统）规划设计和运行控制方面的技术要求。

随着分布式电源在配电网中的装机容量越来越大，其在电网中的作用也越来越突显，IEEE 1547 系列标准进行了相应修订，逐步使分布式电源在配电网中发挥更主动的角色，参与支撑电网的可靠性和稳定性。2018 年，经过全面修订的 IEEE 1547—2018 系列标准已正式发布，最新的 IEEE 1547—2018 系列标准增加了分布式发电系统支撑电网方面的要求。

从内容上看，IEEE 1547—2018 系列标准主要包括对一般性接入规范、功率控制与电压/频率响应、故障响应、电能质量、孤岛保护、二次设备、监控与通信、检测等方面的规范与建议，下面详细介绍其中部分重点条款。

8.1.1.1 一般性要求和接入原则

IEEE 1547—2018 系列标准要求与没有连接分布式电源（distributed energy resource，DER）时相比，中压公共连接点（points of common coupling，PCC）电压幅值变化的均方根值不能超过 3%，低压 PCC 电压幅值变化的均方根值不得超过 5%。

8.1.1.2 功率控制与电压/频率响应

IEEE 1547—2018 系列标准将对区域电网异常情况的响应性能分为 Ⅰ、Ⅱ、Ⅲ三级：Ⅰ级响应主要基于大电网系统的基本稳定性/可靠性需求，且可由目前常用的分布式电源技术合理的实现；Ⅱ级响应涵盖了保证大电网系统稳定性/可靠性的所有需求，并与现有的可靠性标准协调，以避免因大电网系统更大扰动影响导致脱网；Ⅲ级响应同时涵盖了大电网系统稳定性/可靠性与配电网系统可靠性/电能质量的需求，并与现行的互联要求相协调，以实现较高渗透率的分布式电源接入。

标准对三级响应在异常频率时的穿越要求见表 8-2。此外，标准要求所有分布式电源均具有过频时的有功—频率控制能力，Ⅱ、Ⅲ级响应还涵盖了欠频时的有功—频率控制能力，图 8-1 展示了运行于不同出力水平（50%、70%、90%）的分布式电源的有功—频率下垂控制曲线示例（下垂系数 5%、死区 36mHz、最小有功功率输出为 20%），欠频时的频率响应可根据实际有功出力水平与扰动前调度指令进行调整。

表 8-2　IEEE 1547—2018 系列标准中分布式电源在异常频率时的穿越要求

频率范围	控制模式	最短持续时间（s）（设计标准）
$f > 62.0\text{Hz}$	终止送电并使电源脱离电网	
$61.2\text{Hz} < f \leqslant 61.8\text{Hz}$	强制运行	299
$58.8\text{Hz} \leqslant f \leqslant 61.2\text{Hz}$	连续运行	∞
$57.0\text{Hz} \leqslant f < 58.8\text{Hz}$	强制运行	299
$f < 56.5\text{Hz}$	终止送电并使电源脱离电网	

分布式新能源发电规划与运行技术

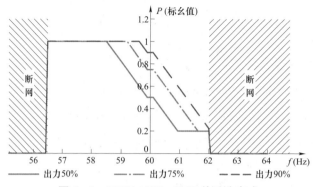

图 8 – 1　IEEE 1547—2018 关于分布式
电源有功—频率下垂控制的示例

8.1.1.3　无功控制和电压调节

标准将分布式电源对无功功率输出/电压调节的性能分为 A、B 两级：A 级性能涵盖区域电网调节电压所需的最低性能要求，并能由现有分布式电源技术合理实现，该性能水平能够满足渗透率较低且功率输出无频繁较大波动的分布式电源并网需求；B 级性能涵盖 A 级性能所有要求，并增加了指定功能，以满足渗透率较高或功率输出波动频繁的分布式电源接入区域电网的需求。

两级性能均要求分布式电源必须具有利用无功功率调节电压的能力，A 级性能的电源需具备恒功率因数 $\cos\varphi$ 控制模式、基于并网点电压幅值的无功功率 $Q(U)$ 控制模式、恒无功功率 Q 控制模式，B 级性能的电源还需具备基于有功输出的无功功率 $Q(P)$ 控制模式，与基于并网点电压幅值的有功功率 $P(U)$ 控制模式。图 8 – 2～图 8 – 4 为 $Q(U)$、$Q(P)$、$P(U)$ 三种控制模式的参考曲线，图中 P_{rated} 为额定有功功率，S_{rated} 为额定视在功率，且 $P_{rated} \leqslant S_{rated}$，$P'_{rated}$ 为分布式电源能够吸收的最大有功功率，U_H 为分布式电源能够持续运行的电压上限，U_L 为分布式电源能够持续运行的电压下限。

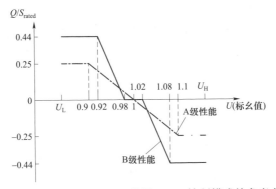

图 8-2   IEEE 1547—2018 关于 $Q(U)$ 控制模式的参考曲线

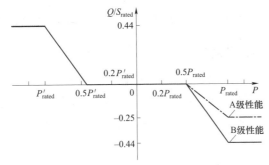

图 8-3   IEEE 1547—2018 关于 $Q(P)$ 控制模式的参考曲线

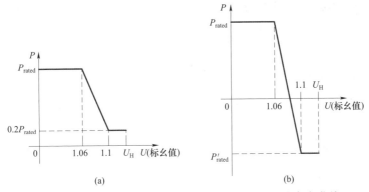

图 8-4   IEEE 1547—2018 关于 $P(U)$ 控制模式的参考曲线

（a）非储能类 DR；（b）储能类 DR

IEEE 1547—2018 中关于两级性能必须具有的最小注入与吸收无功功率的能力要求见图 8-5。在额定视在功率的限制下，为保证注入或吸收需求的无功功率，分布式电源可能需要主动降低有功功率。

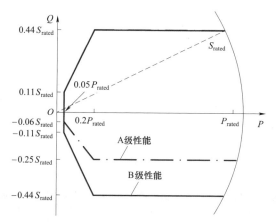

图 8-5　IEEE 1547—2018 标准对最小无功功率能力的要求

8.1.1.4　故障穿越能力

故障穿越能力主要包括低电压穿越和高电压穿越能力。低（高）电压穿越是指当电力系统事故或扰动引起分布式电源并网点电压跌落（升高）时，在一定的电压跌落（升高）范围和时间间隔内，分布式电源能够保证不脱网连续运行的能力。IEEE 1547—2018 系列标准对三级异常响应性能分别规定了高电压穿越与低电压穿越能力，具体如图 8-6 所示，若并网点电压情况在图中阴影范围内，分布式电源需切换不同运行模式保持与网络连接，当并网点电压异常情况超出图中阴影范围以外时，分布式电源可以从电网切出。

8.1.1.5　通信系统

IEEE 1547—2018 系列标准要求分布式电源必须具有与区域电网进行信息交互的能力，并由区域电网决定是否配置额外的通信系统。

8.1.2　德国 VDE－AR－N 4110 和 VDE－AR－N 4105 标准

德国经一系列标准修改与更新，于 2018 年 11 月正式发布了发电系统接入中压电网并网规范（VDE－AR－N 4110）和发电系统接入低压配电网并网指南（VDE－AR－N 4105），VDE－AR－N 4110 适用于接入中压电网（1~60kV），且并网容量为 135kW 及以上的发电设备、储能设备、电力需求设备、电动汽车充电站，对于并网点在低压网络，但和电网的公共连接点在中压网络的情况也同样适用。VDE－AR－N 4105 适用于 VDE－AR－

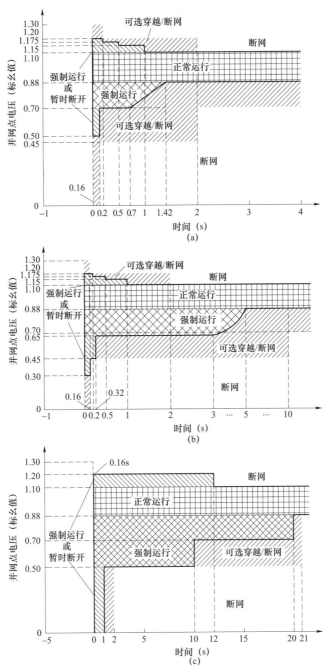

图 8−6 IEEE 1547—2018 标准分布式电源高/低电压穿越要求

（a）Ⅰ级响应性能；（b）Ⅱ级响应性能；（c）Ⅲ级响应性能

N4110 范围以外，接入低压配电网（小于等于 1kV），或容量低于 135kW 的发电设备与储能设备。对于总容量为 135kW 及以上，但单个发电设备容量均低于 30kW 的发电系统，VDE－AR－N 4105 也同样适用。这两项指南都考虑了新能源发电的接入，适用于风电、水电、光伏发电等一切通过同步电机、异步电机或变流器接入中、低压电网的发电系统。

下面详细介绍 VDE－AR－N 4110 标准与 VDE－AR－N 4105 标准（简称中、低压并网标准）中适用于分布式新能源并网的部分重点条款。

8.1.2.1　一般性要求和接入原则

德国中、低压并网标准将标准适用的发电单元分为一、二两类：一型为直接并网的同步发电机型发电单元；二型为除一型外的其他发电单元。

德国中、低压并网标准均通过限制分布式电源接入后公共连接点最大电压变化的方式，对并网容量进行了约束。德国中压并网标准规定网络中每个公共连接点的电压幅值变化与没有连接分布式电源时相比不能超过 2%，低压并网标准要求不得超过 3%。

8.1.2.2　有功控制和频率响应

德国中、低压并网标准对分布式电源有功功率控制进行了详细规定，明确提出分布式电源需根据电网频率值、电网调度指令等信号，在电网频率升高时调减有功功率输出。德国中、低压并网标准对分布式电源在异常频率时的响应要求见表 8－3。当频率出现动态短时的降低时，在图 8－7 所示阴影范围内，发电机组的实时有功输出可以因频率降低减少，但不能降低其有功功率输出的指定值。在异常频率时，图 8－8 和图 8－9 分别展示了中、低压并网标准建议的分布式电源有功—频率下垂曲线（死区为 ±0.2Hz）。

表 8－3　　　　德国中、低压并网标准中分布式电源在异常频率时的响应要求

频率范围	中压并网标准要求	低压并网标准要求
$f > 52.5\text{Hz}$	在 0.1s 内跳闸断网	在 0.1s 内跳闸断网
$51.5\text{Hz} < f \leqslant 52.5\text{Hz}$	在 5s 内跳闸断网	
$51.0\text{Hz} < f \leqslant 51.5\text{Hz}$	在 30min 内不脱网连续运行	
$49.0\text{Hz} \leqslant f \leqslant 51.0\text{Hz}$	连续运行	
$47.5\text{Hz} \leqslant f < 49.0\text{Hz}$	在 30min 内不脱网连续运行	
$f < 47.5\text{Hz}$	在 0.1s 内跳闸断网	

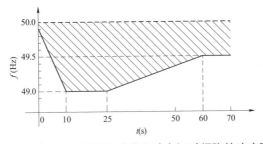

图8-7 德国中、低压标准关于动态短时频降的响应要求

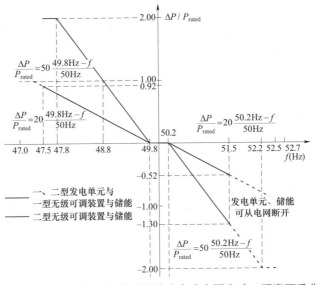

图8-8 德国中压并网标准建议的分布式电源有功—频率下垂曲线

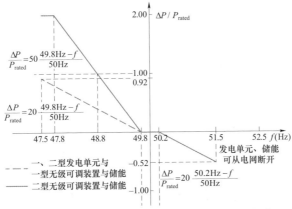

图8-9 德国低压并网标准建议的分布式电源有功—频率下垂曲线

8.1.2.3 无功控制和电压调节

德国中、低压并网标准规定,发电厂必须参与电网的稳态电压控制,分布式电源需具有无功功率控制能力,并提出了以下无功功率控制方式以供参考:基于并网点电压幅值的无功功率 $Q(U)$ 控制模式、基于有功功率 P 的无功功率 $Q(P)$ 控制模式、恒无功功率 Q 控制模式(低压标准不要求)、恒功率因数 $\cos\varphi$ 控制模式。同时,标准规定当分布式电源处于满发状态时,无功功率输出能力满足图 8-10 所示要求。当分布式电源瞬时有功功率低于额定功率时,无功功率输出能力满足图 8-11 与图 8-12 要求。

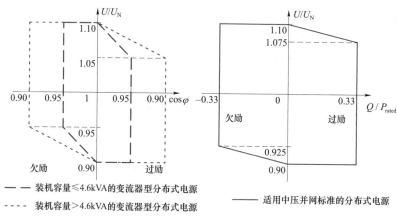

—— 装机容量≤4.6kVA的变流器型分布式电源

---- 装机容量>4.6kVA的变流器型分布式电源

—— 适用中压并网标准的分布式电源

图 8-10 德国中、低压标准对无功功率
输出能力的要求（ $P=P_{\text{rated}}$ ）

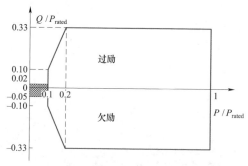

图 8-11 德国中压标准对无功功率
输出能力的要求（ $P<P_{\text{rated}}$ ）

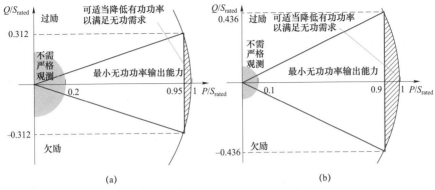

图 8-12 德国中压标准对无功功率
输出能力的要求（$P < P_{rated}$）

（a）装机容量≤4.6kVA 的变流器型分布式电源；
（b）装机容量＞4.6kVA 的变流器型分布式电源

8.1.2.4 故障穿越能力

德国中、低压并网标准均要求分布式电源具有高、低电压穿越能力，具体要求如图 8-13 与图 8-14 所示。在高、低电压穿越边界内，分布式电源应保证不从电网中断开。

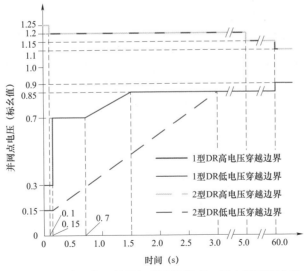

图 8-13 德国中压并网标准建议的高、低电压穿越曲线

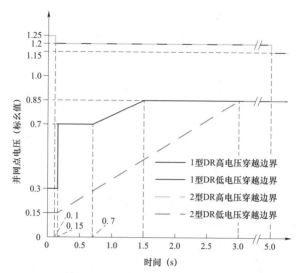

图 8-14　德国低压并网标准建议的高、低电压穿越曲线

8.1.2.5　通信系统

德国将中、低压接入的分布式电源都纳入监控范围，对不同装机容量的分布式电源采用差异化的运行管理要求。

8.1.3　加拿大 C22.2 NO.257 与 C22.3 NO.9 标准

加拿大目前有两个主要的并网标准，包括《基于逆变器的微电源并网标准》（C22.2 NO.257）和《分布式电力供应系统并网标准》（C22.3 NO.9），其中 C22.2 NO.257 标准规定了基于逆变器的分布式电源接入 0.6kV 以下的低压配电网要求，C22.3 NO.9 适用于接入 50kV 以下配电网、并网容量不超过 10MW 的分布式电源。

下面详细介绍 C22.3 NO.9 标准中的部分重点条款。

加拿大 C22.3 NO.9 标准通过限制分布式电源接入后公共连接点最大电压变化的方式，对并网容量进行了约束。规定分布式电源接入电网后引起的电压偏差不超过±6%。

（1）有功控制和频率响应。加拿大 C22.3 NO.9 标准没有关于支撑电网频率的有功功率控制方面的要求，认为系统频率由大电网调节，且当系统频率超过正常范围时，分布式电源系统需要在规定的时间内切除，停止向电网供电。

（2）无功控制和电压调节。在电网运营商许可的前提下，加拿大C22.3 NO.9 标准允许分布式电源参与 PCC 点的电压调节。对于 30 kW 以上的分布式电源要求功率因数在超前 0.9～滞后 0.9 之间可调，30kW 以下的分布式电源允许以这个范围内的某一固定功率因数运行。对配电网电压可能产生影响的系统需要采取一些措施，如动态功率因数方案等。

（3）故障穿越能力。加拿大 C22.3 NO.9 对于高电压穿越能力不做要求，对于低电压穿越能力不要求但允许具有。

（4）通信系统。加拿大 C22.3 NO.9 标准要求容量大于 250kW 的分布式电源必须能监测自身的运行状态，在电网运营商要求的情况下，应与电网运营商进行信息交换。

8.1.4　其他标准

（1）英国目前主要有发电厂与低压配电网并联的要求（BS EN 50549—1:2019）、发电厂与中压配电网并联的要求（BS EN 50549—2:2019）。BS EN 50549—1:2019 由 BS EN50438 转化而来，标准规定了 B 型及以下（功率大于等于 800W，小于等于 6MW）的发电设备连接到低压配电网的并网要求。BS EN 50549—2:2019 由 CLC/TS 50549—2:2015 转化而来，标准规定了 B 型及以下的发电设备连接到中压配电网的并网要求。

（2）澳大利亚有国家标准 AS4777，规定了采用逆变器并网能源系统的技术要求，该标准含三部分，分别是 AS4777.1 安装要求、AS4777.2 逆变器要求、AS4777.3 电网保护要求。该标准对在 10kVA 范围内的单相设备，30kVA 范围内的三相设备和通过电子设备向配电网供电的分布式电源提出了具体要求。

（3）国际电工委员会发布了《农村电气化用小型可再生能源与混合系统的推荐规范》（IEC/TS 62257），其中第九部分"微电网系统"包含了"Micropower systems"（微电力系统）、"Microgrids"（微电网）、"Integrated system－User interface"（并网系统——用户接口）三个子标准。该标准专门针对分布式小型农村微电网系统的电压等级、装机容量、电气结构、设备选型与安装、并网接口功能规范、工程检查与验收等提出了较为明确的技术要求与指导原则，但仅适用于交流电压 500V、直流电压 750V、容量

100kVA 以下的可再生能源混合发电系统。

（4）国际电工委员会标准《分布式电源与电网互联》（IEC/TS 62786—2017），作为分布式电源连接到配电网的重要技术规范，力求反映各国分布式电源并网技术发展成果，满足多样性分布式电源与电网互联的规划、设计、并网、运行等需求，内容涵盖了总体需求、并网方案、开关选择、正常运行范围、抗扰动能力、有功无功响应、电能质量、接口保护、监测控制和通信等各个方面。

8.2　国 内 相 关 标 准

目前国内正在制定或修订分布式电源与微电网并网相关技术标准，以规范微电网与分布式电源的并网技术要求，保障电网安全稳定运行。在分布式电源与微电网国家标准、行业标准、企业标准的制修订方面取得了一定的成果。

在国家标准方面，我国于 2017 年 5 月发布了《分布式电源并网技术要求》（GB/T 33593—2017）、《分布式电源并网运行控制规范》（GB/T 33592—2017）与《微电网接入电力系统技术规定》（GB/T 33789—2017），于 2017 年 12 月 1 日实施。前两项标准都适用于通过 35kV 及以下电压等级接入电网的新建、改建和扩建分布式电源，后一项标准适用于通过 35kV 及以下电压接入电网的新建、改建和扩建并网型微电网。其中 GB/T 33593—2017 规定了分布式电源接入电网设计、建设和运行应遵循的一般原则和技术要求，内容涵盖电能质量、功率控制和电压调节、启停、运行适应性、安全、继电保护与安全自动装置、通信与信息、电能计量、并网检测等。GB/T 33592—2017 规定了并网分布式电源在并网/离网控制、有功功率控制、无功电压调节、电网异常响应、电能质量监测、通信与自动化、继电保护及安全自动装置、防雷接地方面的运行控制要求。GB/T 33789—2017 对微电网接入系统的一般要求、并网运行模式、独立运行模式、运行模式切换和并网检测等方面均提出了要求。

在行业标准方面，我国于 2013 年发布了《分布式电源接入配电网技术规定》（NB/T 32015—2013），于 2014 年发布了《分布式电源孤岛运行控制规范》（NB/T 33013—2014）、《分布式电源接入电网监控系统功能规范》（NB/T 33012—2014）、《分布式电源接入电网测试技术规范》（NB/T 33011—2014）、《分布式电源接入电网运行控制规范》（NB/T 33010—2014）。内容涵盖范围较广，适用于通过 35kV 及以下电压等级接入电网的新建、改建和扩建分布式电源。

在企业标准方面，国家电网公司先后于 2010～2016 年针对分布式电源设计、并网、测试、运行、监控、经济评估等方面的标准进行了制修订工作，截至 2018 年，国家电网公司发布实施的标准有 17 项，适用于国家电网公司运营区域内的分布式电源。其中表 8−4 中的第一项适用于 220V 单相接入、装机容量不超过 8kWp 的新建、改建和扩建并网光伏发电系统；第二项适用于以 35kV 及以下电压等级接入电网的分布式风电场；第 3～17 项适用于接入 35kV 及以下电压等级电网的分布式电源。

表 8−4　　　　　　　　国家电网公司分布式电源企业标准

序号	名　称	标准号
1	小型户用光伏发电系统并网技术规定	Q/GDW 1867—2012
2	分散式风电接入电网技术规定	Q/GDW 1866—2012
3	分布式电源接入配电网运行控制规范	Q/GDW 10667—2016
4	分布式电源接入配电网技术规定	Q/GDW 1480—2015
5	分布式电源孤岛运行控制规范	Q/GDW 11272—2014
6	分布式电源调度运行管理规范	Q/GDW 11271—2014
7	分布式电源继电保护和安全自动装置通用技术条件	Q/GDW 11199—2014
8	分布式电源涉网保护技术规范	Q/GDW 11198—2014
9	接入分布式电源的配电网继电保护和安全自动装置技术规范	Q/GDW 11120—2014
10	分布式电源接入配电网经济评估导则	Q/GDW 11149—2013
11	分布式电源接入系统设计内容深度规定	Q/GDW 11148—2013
12	分布式电源接入配电网设计规范	Q/GDW 11147—2013
13	分布式光伏发电并网接口装置技术要求	Q/GDW 1968—2013
14	分布式电源接入配电网测试技术规范	Q/GDW 666—2011
15	分布式电源接入配电网监控系统功能规范	Q/GDW 677—2011

下面详细介绍《分布式电源并网技术要求》（GB/T 33593—2017）中的部分重点条款。该标准为支持分布式电源用户侧就地接入和就地消纳，专门对其部分相关条款进行了简化。

（1）一般性要求和接入原则。GB/T 33593—2017 没有直接规定分布式电源并网容量，但规定了分布式电源所引起的公共连接点的电压偏差应满足《电能质量　供电电压偏差》（GB/T 12325）的规定，电压波动和闪变值应满足《电能质量　电压波动和闪变》（GB/T 12326）的要求，电压不平衡度应满足《电能质量　三相电压不平衡》（GB/T 15543）的要求。

（2）有功控制和频率响应。GB/T 33593—2017 要求通过 10（6）～35kV 电压等级并网的分布式电源具有有功功率调节能力，输出功率偏差及功率变化率不应超过电网调度机构的给定值，并能根据电网频率值、电网调度机构指令等信号调节电源的有功功率输出。同时要求其具备一定的耐受系统频率异常能力，具体如表 8-5 所示。

表 8-5　GB/T 33593—2017 中分布式电源频率响应时间要求

频率范围	要　　求
$f < 48Hz$	变流器类型分布式电源根据变流器允许运行的最低频率或电网调度机构要求而定；同步发电机类型、异步发电机类型分布式电源每次运行时间一般不少于 60s，有特殊要求时，可在满足电网安全稳定运行的前提下做适当调整
$48Hz \leqslant f < 49.5Hz$	每次低于 49.5Hz 时要求至少能运行 10min
$49.5Hz \leqslant f \leqslant 50.2Hz$	连续运行
$50.2Hz < f \leqslant 50.5Hz$	频率高于 50.2Hz 时，分布式电源应具备降低有功输出的能力，实际运行可由电网调度机构决定；此时不允许处于停运状态的分布式电源并入电网
$f > 50.5Hz$	立刻终止向电网线路送电，且不允许处于停运状态的分布式电源并网

（3）无功控制和电压调节。GB/T 33593—2017 针对不同电压等级接入、不同类型分布式电源提出了不同的无功和电压调节要求。要求通过 10（6）～35kV 电压等级并网的分布式电源，具备并网点处功率因数和电压调节能力；通过 380V 电压等级并网的分布式电源，只提出了并网点处功率因数应满足的要求。

（4）故障穿越能力。GB/T 33593—2017 要求通过 10（6）kV 电压等级直接接入公共电网，以及通过 35kV 电压等级并网的分布式电源，应具备低电压穿越能力，具体如图 8－15 所示。对低压接入及 10（6）kV 电压等级接入用户侧的分布式电源，不要求具备低电压穿越能力。GB/T 33593—2017 对于高电压穿越能力不做要求。

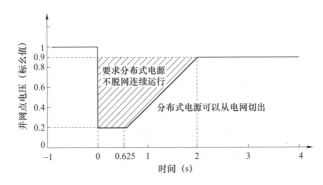

图 8－15　GB/T 33593—2017 中分布式电源中压接入的低电压穿越要求

（5）通信系统。通过 380V 电压等级并网，以及通过 10（6）kV 电压等级接入用户侧的分布式电源，可采用无线、光纤、载波等通信方式。采用无线通信方式时，应采取信息通信安全防护措施。

通过 10（6）kV 电压等级直接接入公共电网，以及通过 35kV 电压等级并网的分布式电源，应采用专网通信方式，具备与电网调度机构之间进行数据通信的能力，能够采集电源的电气运行工况，上传至电网调度机构，同时具有接受电网调度机构控制调节指令的能力。

8.3 国内外标准对比

选取 IEEE 1547—2018，德国中、低压并网标准，加拿大 C22.3 NO.9，GB/T 33593—2017 几部具有代表性的分布式电源并网标准进行对比研究。

从内容上看，分布式电源并网标准基本都包括总体要求、电能质量、功率控制、电压与频率响应、并网与同步、安全与保护、计量、监控与通信、检测等几个方面的要求。

8.3.1 一般性要求和接入原则

IEEE 1547—2018 和德国中、低压并网标准均通过限制分布式电源接入后公共连接点最大电压变化的方式对并网容量进行了约束，但两者规定的最大电压变化幅值不同。GB/T 33593—2017 要求分布式电源所引起的公共连接点的电压偏差、电压波动与闪变值、电压不平衡度应满足相应国家标准要求，相对要求较为宽松。

8.3.2 有功控制和频率响应

加拿大 C22.3 NO.9 标准没有关于支撑电网频率的有功功率控制方面的要求，认为系统频率由大电网调节，且当系统频率超过正常范围时，分布式电源系统需要在规定的时间内切除，停止向电网供电。IEEE 1547—2018、德国中、低压并网标准以及 GB/T 33593—2017 标准对分布式电源有功功率控制进行了详细规定，明确提出分布式电源需根据电网频率值、电网调度指令等信号调节电源的有功功率输出。

8.3.3 无功控制和电压调节

IEEE 1547—2018 规定分布式电源必须具有注入与吸收无功功率的能力。加拿大 C22.3 NO.9 标准允许分布式电源在电网运营商许可的前提下参与 PCC 点的电压调节。德国中、低压并网标准均规定，发电厂必须参与电网的稳态电压控制。GB/T 33593—2017 针对不同电压等级接入的不同类型分布式电源提出了电压控制和功率因数运行范围的要求。德国和 IEEE 1547—2018 对分布式电源无功—电压控制能力和控制模式的要求，比我国 GB/T 33593—2017 更为严格，也更详细和具体。

8.3.4 故障穿越能力

IEEE 1547—2018 与德国中、低压标准均要求分布式电源具有高/低电压穿越能力；加拿大 C22.3 NO.9 与 GB/T 33593—2017 对高电压穿越能力不做要求。

对于低电压穿越能力，加拿大 C22.3 NO.9 不要求但允许具有；GB/T 33593—2017 要求中压接入的分布式电源具有低电压穿越能力。各个标准故障穿越技术要求均有所不同，具体见 8.1 节与 8.2 节中重点条款介绍。

8.3.5 通信系统

各国对分布式电源通信系统都有一定的要求。IEEE 1547—2018 要求分布式电源必须具有与区域电网进行信息交互的能力，并由区域电网决定是否配置额外的通信系统。德国对中、低压接入的分布式电源都纳入监控范围，对不同装机容量的分布式电源采用差异化的运行管理要求。加拿大 C22.3 NO.9 标准要求容量大于 250kW 的分布式电源必须能监测自身的运行状态，在电网运营商要求的情况下，应与电网运营商进行信息交换。我国标准只要求中压系统接入的分布式电源应具备与电网调度机构之间进行数据通信的能力。

主要对比情况如表 8-6 所示。

表 8-6 分布式电源并网标准对比情况

对比项目	IEEE 1547—2018	加拿大 C22.3 NO.9	德国中、低压并网标准	中国 GB/T 33593—2017
有功功率控制	要求	不要求	要求	中压要求 低压不要求
频率响应	要求	不要求	要求	中压要求 低压不要求
电压调节	要求	不要求但允许	要求	中压要求 低压不要求
低电压穿越	要求	不要求但允许	要求	中压要求 低压不要求
高电压穿越	要求	要求	要求	不要求
通信系统	要求	大于 250kW 要求	要求	中压要求 低压不要求

从各标准的具体制修订情况及内容可知，加拿大 C22.3 NO.9 标准对分布式电源的并网要求较低。在欧洲部分国家，随着分布式电源装机容量的增长，分布式电源已经逐渐变成电网中不可忽略的一部分，因此德国的分布式电源并网标准中充分考虑了在分布式电源穿透率较高的情况下，分布式电源支撑电网可靠性和稳定性的要求。IEEE 1547—2018 标准对分布式电源的并网要求较高，总结了近年来分布式电源的发展情况与出现问题，充分考虑了分布式电源支撑电网的需求，对分布式电源的要求更加全面。

德国标准从并网容量、电压等级、接入方式（变流器型、同步电机型、异步电机型等）方面对不同 DR 做出了不同要求，IEEE 1547—2018 制定了不同等级的性能要求与响应级别，发电厂与电网运营商可通过实际需求与渗透率强度自由选择。

我国分布式电源在近年来有很大发展，在制定分布式电源标准时，结合国内分布式电源发展实际情况，总体技术要求接近欧洲标准。随着分布式电源在配电网中的装机容量越来越大，使分布式电源在配电网中继续保持被动的角色已经不合适，需要适时提出分布式能源主动支撑电网的技术要求。

参 考 文 献

[1] TAYLOR C W. 电力系统电压稳定［M］. 王伟胜，译. 北京：中国电力出版社，2002.

[2] 胡寿松. 自动控制原理（第五版）［M］. 北京：科学出版社，2007.

[3] FOSTER R，GHASSEMI M，COTA A. 太阳能—可再生能源与环境［M］. 刘长泡，王真，何国庆，等，译. 北京：人民邮电出版社，2010.

[4] Boyle G. 可再生能源与电网［M］. 刘长泡，王伟胜，何国庆，等，译. 北京：中国电力出版社，2011.

[5] 中国电力百科全书，第三版，新能源发电卷［M］. 北京：中国电力出版社，2014.

[6] 付蓉，马海啸. 新能源发电与控制技术［M］. 北京：中国电力出版社，2015.

[7] 蒋莉萍，李琼慧. 中国分布式电源与微电源发展前景及实现路径［M］. 北京：中国电力出版社，2017.

[8] 吴理博. 光伏并网逆变系统综合控制策略研究及实现［D］. 清华大学，2006.

[9] 鲍薇. 多电压源型微源组网的微电网运行控制与能量管理策略研究［D］. 中国电力科学研究院，2014.

[10] 孙文文. 基于长时间序列仿真的分散式风电优化规划技术［D］. 中国电力科学研究院，2014.

[11] 谢东. 分布式发电多逆变器并网孤岛检测技术研究［D］. 合肥工业大学，2014.

[12] 王淼. 风电场防孤岛保护策略研究［D］. 中国电力科学研究院，2017.

[13] 李庆. 风电场谐波建模与仿真分析［D］. 中国电力科学研究院，2018.

[14] 贾科，郇凯翔，魏宏升，等. 适用于多机集群的外部集中扰动式阻抗测量孤岛检测法［J］. 电工技术学报，2016，31（13）：64－73.

[15] 齐琛，汪可友，李国杰，等. 交直流混合主动配电网的分层分布式优化调度［J］. 中国电机工程学报，2017，37（7）：1909－1917.

[16] 刘鸿鹏，朱航，吴辉，等. 新型光伏并网逆变器电压型控制方法［J］. 中国电机工程学报，2015，35（21）：5560－5568.

[17] 徐海珍，张兴，刘芳，等. 基于超前滞后环节虚拟惯性的 VSG 控制策略 [J]. 中国电机工程学报，2017，37（7）：1918－1926.

[18] 郑漳华，艾芊，顾承红，等. 考虑环境因素的分布式发电多目标优化配置 [J]. 中国电机工程学报，2009（13）：23－28.

[19] 刘方锐，余蜜，张宇，等. 主动移频法在光伏并网逆变器并联运行下的孤岛检测机理研究 [J]. 中国电机工程学报，2009，29（12）：47－51.

[20] 刘芙蓉，康勇，段善旭，等. 主动移频式孤岛检测方法的参数优化 [J]. 中国电机工程学报，2008，28（1）：95－99.

[21] 任碧莹，钟彦儒，孙向东，等. 基于周期交替电流扰动的孤岛检测方法 [J]. 电力系统自动化，2008，32（19）：81－84.

[22] 马静，米超，王增平. 基于谐波畸变正反馈的孤岛检测新方法 [J]. 电力系统自动化，2012，36（1）：47－50.

[23] 林霞，陆于平，王联合. 分布式发电条件下的新型电流保护方案 [J]. 电力系统自动化，2008，（20）：50－56.

[24] 孙文文，刘纯，何国庆，等. 基于长时间序列仿真的分布式新能源发电优化规划 [J]. 电网技术，2015，（02）：457－463.

[25] 鲍薇，胡学浩，何国庆，等. 分布式电源并网标准研究 [J]. 电网技术，2012，36（11）：46－52.

[26] 何国庆，许晓艳，黄越辉，等. 大规模光伏电站控制策略对孤立电网稳定性的影响（英文）[J]. 电网技术，2009，33（15）：20－25.

[27] 许晓艳，黄越辉，刘纯，等. 分布式光伏发电对配电网电压的影响及电压越限的解决方案 [J]. 电网技术，2010，34（10）：140－146.

[28] 雷鸣宇，杨子龙，王一波，等. 适用于并网逆变器集群系统孤岛检测的改进滑模频率漂移法 [J]. 电网技术，2014，（12）：3271－3278.

[29] 周林，晁阳，廖波，等. 低压网络中并网光伏逆变器调压策略 [J]. 电网技术，2013，37（9）：2427－2432.

[30] 李光辉，何国庆，郝木凯，等. 基于 NI－PXI 微电网多模式数模混合仿真平台的设计与实现 [J]. 电力系统保护与控制，2015，43（20）：107－113.

[31] 顾承红，艾芊. 配电网中分布式电源最优布置 [J]. 上海交通大学学报，2007，

41 （11）：1896 − 1900.

［32］ 麻秀范，崔换君. 改进遗传算法在含分布式电源的配电网规划中的应用［J］. 电
工技术学报，2011，26（3）：175 − 181.

［33］ 裴玮，孔力，齐智平. 光伏发电参与配电网电压调节的控制策略研究［J］. 太阳
能学报，2011，32（11）：1629 − 1635.

［34］ 中国可再生能源学会. 2018 年中国光伏技术发展报告［R］. 北京：中国可再生能
源学会，2018.

［35］ BLAABJERG F，TEODORESCU R，LISERRE M，et al. Overview of control and
grid synchronization for distributed power generation systems［J］. IEEE Transactions
on Industrial Electronics，2006，53（5）：1398 − 1409.

［36］ KATIRAEI F，IRAVANI M R. Power management strategies for a microgrid with
multiple distributed generation units［J］. IEEE Transactions on Power Systems，2006，
21（4）：1821 − 1831.

［37］ YANG Shuo，WANG Weisheng，LIU Chun，et al. Optimal reactive power dispatch
of wind power plant cluster considering static voltage stability for low-carbon power
system［J］. Journal of Modern Power Systems & Clean Energy，2015，3（1）：
114 − 122.

［38］ SUN Jian. Impedance-based stability criterion for grid-connected inverters［J］. IEEE
Transactions on Power Electronics，2011，26（11）：3075 − 3078.

［39］ YUAN Xibo，WANG Fei，BOROYEVICH D，et al. DC − link voltage control of a full
power converter for wind generator operating in weak-grid systems［J］. IEEE
Transactions on Power Electronics，2009，24（9）：2178 − 2192.

［40］ ENSLIN J H R, HESKES P J M. Harmonic interaction between a large number of
distributed power inverters and the distribution network［J］. IEEE Transactions on
Power Electronics，2004，19（6）：1586 − 1593.

［41］ YU Changzhou，ZHANG Xing，LIU Fang，et al. Modeling and resonance analysis of
multi − parallel inverters system under asynchronous carriers conditions［J］. IEEE
Transactions on Power Electronics，2017，32（4）：3192 − 3205.

［42］ WANG Zhaoyu，CHEN Bokan，WANG Jianhui，et al. Decentralized energy management system for networked microgrids in grid-connected and islanded modes [J]. IEEE Transactions on Smart Grid, 2016, 7 (2): 1097 – 1105.

[43] LOH P C, ZHANG Lei, GAO Feng. Compact integrated energy systems for distributed generation [J]. IEEE Transactions on Industrial Electronics, 2013, 60 (4): 1492 – 1502.

[44] GITIZADEH M, VAHED A A, AGHAEI J. Multistage distribution system expansion planning considering distributed generation using hybrid evolutionary algorithms[J]. Applied Energy, 2013, 31 (2): 655 – 666.

[45] VELASCO D, TRUJILLO C L, GARCERA G, et al. Review of anti-islanding techniques in distributed generators [J], Renewable and Sustainable Energy Reviews, 2010, 14 (6): 1608 – 1614.

[46] AHMAD K N E K, SELVARAJ J, RAHIM N A. A review of the islanding detection methods in grid – connected PV inverters [J], Renewable and Sustainable Energy Reviews, 2013, 21 (5): 756 – 766.

索　引